中国中药资源大典
——中药材系列

中药材生产加工适宜技术丛书
中药材产业扶贫计划

板蓝根生产加工适宜技术

总 主 编　黄璐琦
主　　编　王惠珍　张水利
副 主 编　赵文龙　陆国弟

中国医药科技出版社

内 容 提 要

《中药材生产加工适宜技术丛书》以全国第四次中药资源普查工作为抓手，系统整理我国中药材栽培加工的传统及特色技术，旨在科学指导、普及中药材种植及产地加工，规范中药材种植产业。本书为板蓝根生产加工适宜技术，包括：概述、板蓝根药用资源、板蓝根栽培技术、板蓝根特色适宜技术、板蓝根药材质量评价、板蓝根现代研究与应用等内容。本书适合中药种植户及中药材生产加工企业参考使用。

图书在版编目（CIP）数据

板蓝根生产加工适宜技术 / 王惠珍，张水利主编 . — 北京：中国医药科技出版社，2018.3

（中国中药资源大典 . 中药材系列 . 中药材生产加工适宜技术丛书）

ISBN 978-7-5214-0007-6

Ⅰ . ①板… Ⅱ . ①王… ②张… Ⅲ . ①板蓝根—栽培技术 ②板蓝根—中草药加工 Ⅳ . ① S567.23

中国版本图书馆 CIP 数据核字（2018）第 046665 号

美术编辑 陈君杞

版式设计 锋尚设计

出版　中国医药科技出版社

地址　北京市海淀区文慧园北路甲 22 号

邮编　100082

电话　发行：010-62227427　邮购：010-62236938

网址　www.cmstp.com

规格　710×1000mm　$^1/_{16}$

印张　8

字数　70 千字

版次　2018 年 3 月第 1 版

印次　2018 年 3 月第 1 次印刷

印刷　北京盛通印刷股份有限公司

经销　全国各地新华书店

书号　ISBN 978-7-5214-0007-6

定价　28.00 元

中药材生产加工适宜技术丛书

—— 编委会 ——

总 主 编 黄璐琦

副 主 编 （按姓氏笔画排序）

王晓琴	王惠珍	韦荣昌	韦树根	左应梅	叩根来
白吉庆	吕惠珍	朱田田	乔永刚	刘根喜	闫敬来
江维克	李石清	李青苗	李旻辉	李晓琳	杨 野
杨天梅	杨太新	杨绍兵	杨美权	杨维泽	肖承鸿
吴 萍	张 美	张 强	张水寒	张亚玉	张金渝
张春红	张春椿	陈乃富	陈铁柱	陈清平	陈随清
范世明	范慧艳	周 涛	郑玉光	赵云生	赵军宁
胡 平	胡本详	俞 冰	袁 强	晋 玲	贾守宁
夏燕莉	郭兰萍	郭俊霞	葛淑俊	温春秀	谢晓亮
蔡子平	滕训辉	瞿显友			

编 委 （按姓氏笔画排序）

王利丽	付金娥	刘大会	刘灵娣	刘峰华	刘爱朋
许 亮	严 辉	苏秀红	杜 弢	李 锋	李万明
李军茹	李效贤	李隆云	杨 光	杨晶凡	汪 娟
张 娜	张 婷	张小波	张水利	张顺捷	林树坤
周先建	赵 峰	胡忠庆	钟 灿	黄雪彦	彭 励
韩邦兴	程 蒙	谢 景	谢小龙	雷振宏	

学术秘书 程 蒙

本书编委会

主　　编　王惠珍　张水利

副 主 编　赵文龙　陆国弟

编写人员　（按姓氏笔画排序）

王兴政（定西农业科学研究院）

王惠珍（甘肃中医药大学）

朱田田（甘肃中医药大学）

杜　弢（甘肃中医药大学）

张水利（浙江中医药大学）

陆国弟（甘肃中医药大学）

陈红刚（甘肃中医药大学）

赵文龙（甘肃中医药大学）

郭　柳（甘肃中医药大学）

晋　玲（甘肃中医药大学）

睢　宁（浙江中医药大学）

蔡子平（甘肃省农业科学研究院）

序

我国是最早开始药用植物人工栽培的国家，中药材使用栽培历史悠久。目前，中药材生产技术较为成熟的品种有200余种。我国劳动人民在长期实践中积累了丰富的中药种植管理经验，形成了一系列实用、有特色的栽培加工方法。这些源于民间、简单实用的中药材生产加工适宜技术，被药农广泛接受。这些技术多为实践中的有效经验，经过长期实践，兼具经济性和可操作性，也带有鲜明的地方特色，是中药资源发展的宝贵财富和有力支撑。

基层中药材生产加工适宜技术也存在技术水平、操作规范、生产效果参差不齐问题，研究基础也较薄弱；受限于信息渠道相对闭塞，技术交流和推广不广泛，效率和效益也不很高。这些问题导致许多中药材生产加工技术只在较小范围内使用，不利于价值发挥，也不利于技术提升。因此，中药材生产加工适宜技术的收集、汇总工作显得更加重要，并且需要搭建沟通、传播平台，引入科研力量，结合现代科学技术手段，开展适宜技术研究论证与开发升级，在此基础上进行推广，使其优势技术得到充分的发挥与应用。

《中药材生产加工适宜技术》系列丛书正是在这样的背景下组织编撰的。该书以我院中药资源中心专家为主体，他们以中药资源动态监测信息和技术服务体系的工作为基础，编写整理了百余种常用大宗中药材的生产加工适宜技术。全书从中药材的种植、采收、加工等方面进行介绍，指导中药材生产，旨在促进中药资源的可持续发展，提高中药资源利用效率，保护生物多样性和生态环境，推进生态文明建设。

丛书的出版有利于促进中药种植技术的提升，对改善中药材的生产方式，促进中药资源产业发展，促进中药材规范化种植，提升中药材质量具有指导意义。本书适合中药栽培专业学生及基层药农阅读，也希望编写组广泛听取吸纳药农宝贵经验，不断丰富技术内容。

书将付梓，先睹为悦，谨以上言，以斯充序。

中国中医科学院 院长

中 国 工 程 院 院 士

丁酉秋于东直门

总 前 言

中药材是中医药事业传承和发展的物质基础，是关系国计民生的战略性资源。中药材保护和发展得到了党中央、国务院的高度重视，一系列促进中药材发展的法律规划的颁布，如《中华人民共和国中医药法》的颁布，为野生资源保护和中药材规范化种植养殖提供了法律依据；《中医药发展战略规划纲要（2016—2030年）》提出推进"中药材规范化种植养殖"战略布局；《中药材保护和发展规划（2015—2020年）》对我国中药材资源保护和中药材产业发展进行了全面部署。

中药材生产和加工是中药产业发展的"第一关"，对保证中药供给和质量安全起着最为关键的作用。影响中药材质量的问题也最为复杂，存在种源、环境因子、种植技术、加工工艺等多个环节影响，是我国中医药管理的重点和难点。多数中药材规模化种植历史不超过30年，所积累的生产经验和研究资料严重不足。中药材科学种植还需要大量的研究和长期的实践。

中药材质量上存在特殊性，不能单纯考虑产量问题，不能简单复制农业经验。中药材生产必须强调道地药材，需要优良的品种遗传，特定的生态环境条件和适宜的栽培加工技术。为了推动中药材生产现代化，我与我的团队承担了农业部现代农业产业技术体系"中药材产业技术体系"建设任务。结合国家中医药管理局建立的全国中药资源动态监测体系，致力于收集、整理中药材生产加工适宜技术。这些适宜技术限于信息沟通渠道闭塞，并未能得到很好的推广和应用。

本丛书在第四次全国中药资源普查试点工作的基础下，历时三年，从药用资源分布、栽培技术、特色适宜技术、药材质量、现代应用与研究五个方面系统收集、整理了近百个品种全国范围内二十年来的生产加工适宜技术。这些适宜技术多源于基层，简单实用、被老百姓广泛接受，且经过长期实践、能够充分利用土地或其他资源。一些适宜技术尤其适用于经济欠发达的偏远地区和生态脆弱区的中药材栽培，这些地方农民收入来源较少，适宜技术推广有助于该地区实现精准扶贫。一些适宜技术提供了中药材生产的机械化解决方案，或者解决珍稀濒危资源繁育问题，为中药资源绿色可持续发展提供技术支持。

本套丛书以品种分册，参与编写的作者均为第四次全国中药资源普查中各省中药原料质量监测和技术服务中心的主任或一线专家、具有丰富种植经验的中药农业专家。在编写过程中，专家们查阅大量文献资料结合普查及自身经验，几经会议讨论，数易其稿。书稿完成后，我们又组织药用植物专家、农学家对书中所涉及植物分类检索表、农业病虫害及用药等内容进行审核确定，最终形成《中药材生产加工适宜技术》系列丛书。

在此，感谢各承担单位和审稿专家严谨、认真的工作，使得本套丛书最终付梓。希望本套丛书的出版，能对正在进行中药农业生产的地区及从业人员，有一些切实的参考价值；对规范和建立统一的中药材种植、采收、加工及检验的质量标准有一点实际的推动。

2017年11月24日

前　言

板蓝根始载于东汉《神农本草经》，列为上品，至今已有2000多年的历史。

在《本草便读》中称靛青根、《分类草药性》中称蓝靛根、《中药形性经验鉴别

法》中称靛根、《本草图经》中称马蓝等。

板蓝根的主要有效成分有生物碱类、黄酮类、木脂素类、有机酸类、酮

类、芥子苷类、氨基酸类、含硫类、甾醇类、微量元素类等。现代药理学研究

证明，板蓝根具有抗炎、抗病毒、抗菌、抗内毒素、抗肿瘤、解热、抑制血小

板聚集和增强免疫等作用。

由于疾病的不可预见性和板蓝根产品的开发，板蓝根用量逐年上升，人工

栽培面积迅速扩大。本书详细阐述了板蓝根的种质资源及其分布、栽培技术、

药材质量及考证、现代研究与应用等内容，其中有4个亮点内容，一是做了全

国生态适应分布区和适宜种植区域的划分；二是对板蓝根人工栽培技术进行了

详细整理；三是整理了板蓝根特色适宜栽培技术，为板蓝根生产提供指导；四

是在整理板蓝根本草学文献的基础上描述了板蓝根的本草考证与道地沿革，汇

总了传统与理化的板蓝根鉴定方法，并对板蓝根进行了性状描述与质量评价。

《板蓝根生产加工适宜技术》旨在对板蓝根规范种植及采收加工技术进行

总结整理，就板蓝根的药用资源、生态适宜分布、栽培技术与特色生产与加工技术质量评价及现代应用与研究进行概述。本书可作为科普培训资料，也可为同行提供参考。

本书的编写得到了甘肃农业大学蔺海明教授、甘肃中医药大学晋玲教授和杜弢教授以及甘肃省农业科学研究院、定西农业科学研究院、浙江中医药大学等专家、学者支持和帮助，并提供部分技术资料和图片；在编写过程中，还引用了相关专家学者发表的论著，在此一并致谢。同时，我们向参加本书编审的专家和同志们致以衷心谢意。

由于编者水平所限，尽管我们已经做了最大努力，但错误在所难免，敬请广大读者指正。

特别提示：本书中所列中医方剂的功能主治及用法用量，仅供参考，实际服用请遵医嘱。

编者

2017年10月

目　录

第1章

概　述

板蓝根有南北之分，不同的类别其产地也略有不同。

北板蓝根来源于十字花科植物菘蓝*Isatis indigotica* Fortune的干燥根，其根呈圆柱形，气微，味微甜后苦涩，分布在内蒙古、陕西、甘肃、河北、山东、江苏、浙江、安徽、贵州等地。

南板蓝根为爵床科植物马蓝*Baphicacanthus cusia*（Nees）Brem.的干燥根茎及干燥根，其根近圆柱形，气微，味淡。主产福建、四川，云南、湖南、江西、贵州、广东、广西亦产。

板蓝根生产加工适宜技术主要以北板蓝根为主。

板蓝根（Radix Isatidis）是常用大宗中药材之一，其为十字花科植物菘蓝的干燥根，药材名为板蓝根，常用别名为靛青根、蓝靛根、大青根。板蓝根始载于东汉《神农本草经》，列为上品，至今已有2000多年的历史。在《本草便读》中称靛青根、《分类草药性》中称蓝靛根、《中药形性经验鉴别法》中称靛根、《本草图经》中称马蓝等。板蓝根味苦、性寒，归心、胃经，有清热解毒、凉血利咽功能，常用于病毒性及细菌性感染，主治温热发烧、风热感冒、痈肿疮毒、丹毒等症。板蓝根在临床上用途较广，除注射液外，主要常与其他中药组成复方广泛用于治疗多种疾病如流感、腮腺炎、乙脑、肝炎，是公认的有较好抗病毒效果的少数中药之一。

板蓝根适应性强，可在耕地上种植，也可种植于房前屋后、田边地角、空闲地、林地中；易成活，生产成本低，市场前景好，投入产出效益高；可大规模专业开发种植，也可作为家庭副业兼营，是生产周期短、市场风险小、收益见效快的增收致富项目之一，应积极推广种植。主产于甘肃、安徽、黑龙江、新疆、内蒙古、河南、江西、山西、陕西等地，从2015~2017年全国板蓝根栽培现状调查发现，新疆、内蒙古、陕西、甘肃等地为板蓝根最适种植区。

板蓝根作为清热解毒药，并不是每种感冒的万能药，它只适用于风热感冒、流行性感冒等热性疾病的治疗，而对风寒感冒、体虚感冒等并不适用。作为预防用药时，还需要注意服用剂量和时间，不要大量和长期服用，服用时间以3天为宜。过敏体质及脾胃虚寒患者应谨慎用药。

第2章

板蓝根药用资源

一、形态特征及分类检索

（一）形态特征

菘蓝*Isatis indigotica* Fort.为二年生草本，主根长20～50cm，直径1～2.5cm，外皮浅黄棕色。茎直立，高30～70cm，也有长到100cm以上的。干时茎叶呈蓝色或黑绿色。根茎粗壮，断面呈蓝色。地上茎基部稍木质化，略带方形，稍分枝，节膨大，幼时背部有褐色微毛。叶对生；叶柄长1～4cm；叶片倒卵状椭圆形或卵状椭圆形，长6～15cm，宽4～8cm；先端急尖，微钝头，基部渐狭细，边缘有浅锯齿或波状齿或全缘，上面无毛，有稠密狭细的钟乳线条，下面幼时脉上稍生褐色微软毛，侧脉5～6对。花无梗，成疏生的穗状花序，顶生或腋生；苞片叶状，狭倒卵形，早落；花萼裂片5，条形，长1.0～1.4cm，通常1片较大，呈匙形，无毛；花冠漏斗状，淡紫色，长4.5～5.5cm，5裂近相等，长6～7mm，先端微凹；雄蕊4，2强，花粉椭圆形，有带条，带条上具2条波形的脊；子房上位，花柱细长。蒴果为稍狭的匙形，长1.5～2.0cm。种子4颗，有微毛。花期4～5月，果期6～8月。（图2-1、图2-2）

马蓝（南板蓝根）*Baphicacanthus cusia*（Nees）Brem.为亚灌木。高达1m。主根深长、木质，细柱状，有分枝，节膨大，节上生须根，灰褐色，有髓或成

空洞。茎直立，节明显，有钝棱，上部多分支，幼时有毛。叶对生，两片叶常稍不等大；有短柄，叶片长圆形，长5～16cm，宽2.5～6cm。先端渐尖，基部渐窄下延，边缘有疏钝齿；上面绿色无毛，下面灰绿色，幼时在脉上被褐色细柔毛，侧脉5～6对。五月开花，花大无梗，2至数多集生细长小枝的顶部；苞片叶状，长1～2cm，早落；花萼近5全裂，条形，1片最长；花冠淡紫色，管状漏斗形，直径约2cm，长约5cm，管部最长，上端有5浅裂片，近等大，先端微凹；雄蕊4个，二强；子房上位，花柱细长，蒴果棒状，无毛。种子褐色，卵形，扁平。

图2-1　板蓝根田间生长情况

7

图2-2 菘蓝根形态特征

（二）分类检索

板蓝根基原植物分类检索表

1 主根明显；叶互生；十字花冠；短角果。

  2 花瓣白色；短角果提琴状，具宽翅，果长为宽的2倍，顶端截状尖凹，密生

    短柔毛 ·························· **1.宽翅菘蓝*Isatis violascens* Bunge**

  2 花瓣黄色；短角果其他形状，长为宽的2～5倍，无毛或有毛。

    3 果瓣有3棱。

      4 短角果长圆状倒卵形或长圆状椭圆形，长10～15 mm，宽4～5 mm，顶

      端及基部圆形 ··················· **2.三肋菘蓝*Isatis costata* C. A. Mey.**

      4 短角果椭圆形，长8～13 mm，宽1～2 mm，顶端截形，微凹 ···········

      ·················· **3.小果菘蓝*Isatis minima* Bunge**

3　果瓣有1棱。

5　短角果长圆形，长10～15 mm，无毛或中肋有毛，顶端具短钝尖 …………

……………………………… **4.长圆果菘蓝*Isatis oblongata* DC.**

5　短角果近长圆形，宽楔形或倒卵状椭圆形。

6　短角果近长圆形；植株光滑无毛，叶耳不明显或为圆形 ………………

…………………………………… **5.菘蓝*Isatis indigotica* Fort.**

6　短角果宽楔形或倒卵状椭圆形，有毛或无毛。

7　短角果宽楔形，无毛；植株具白色柔毛，叶耳锐形或钝，半抱茎 ……

………………………………… **6.欧洲菘蓝*Isatis tinctoria* L.**

7　短角果倒卵状椭圆形，有毛 …………………………………………

………………… **7.毛果菘蓝*Isatis tinctoria* L. var. *praecox* (Kit.) Koch**

1　根状茎发达；叶对生；茎节膨大；花冠唇形；蒴果线形。

8　上部各对叶常一大一小；花序头状，内侧1对雄蕊花丝极短面弯曲

………………………… **8.球花马蓝*Strobilanthes dimorphotricha* Hance**

8　上部各对叶等大；花序穗状或花数朵集生成头形的穗状花序；内侧

1对雄蕊花丝不弯曲。

9　花萼裂片通常1片较大；苞片有短柄 …………………………

………………… **9.马蓝*Strobilanthes cusia* (Nees) Kuntze**

9 花萼裂片等大；苞片无柄。

10 叶缘有粗大深波状锯齿或羽状浅裂至深裂 ……………………………

……………………………… **10.羽裂马蓝*Strobilanthes pinnatifidus* C. Z. Zheng**

10 叶缘无上述锯齿亦非羽状分裂。

11 地下有内质增多的根多条；叶片长圆状披针形或披针形 ……………

…… **11.菜头肾*Strobilanthes sarcorrhiza* (C. Ling) C. Z. Cheng ex Y. F. Deng**

11 地下无肉质增厚的根，叶片卵形、宽卵形至椭圆形。

12 花较大，花冠长通常超过2.5 cm；叶片长4～11 cm …………………

……………………………… **12.少花马蓝*Strobilanthes oligantha* Miq.**

12 花较小，花冠长不及2.5 cm；叶片长1.5～5 cm …………………………

……………………………… **13.狗肝菜*Dicliptera chinensis* (L.)Juss.**

二、生物学特性

板蓝根对气候的适应性很广，喜温暖潮湿、阳光充足的气候环境，较耐寒，怕水涝，喜阴凉。板蓝根对土壤要求不严，一般夹沙土或微碱性的土壤均可种植；板蓝根是耐肥、喜肥性较强的草本植物，肥沃和土层深厚的土壤是板蓝根生长发育的必要条件。地势低洼，易积水、黏重的土地，不宜种植。板蓝根种植一般半年到一年即可收获。也可根据市场需求来收获。以一年生的品质较好。

生长发育：种子在温度16～21℃，且有足够的湿度时，播种后约5天出苗。用种量22～30kg·hm^{-2}，在8月上、中旬播种，当年只能形成叶簇，呈蓬座状越冬。翌年3月开始抽薹、现蕾，4月开花，6月果实相继成熟，全生育周期9～11个月。

三、地理分布

板蓝根由于适应性强，分布区域较广，在全国各地均有种植，例如内蒙古、陕西、甘肃、河北、山东、江苏、浙江、安徽、贵州等地均有种植。板蓝根产量和质量相对比较稳定，种植面积主要取决于临床用量，进而导致药材价格波动较大，造成板蓝根地理分布发生变迁。现主要分布于经济作物种类较少的地区种植，例如黑龙江大庆市和齐齐哈尔、山东济南和沂源、山西太原、河北安国、新疆、内蒙古以及甘肃民乐、定西、甘南等地均有种植。

四、生态适宜分布区域与适宜种植区域

（一）板蓝根生态适宜分布区域

赵文龙等利用最大熵模型结合GIS技术对板蓝根全国生态适宜性进行了模拟，适宜性取值范围为0～1，依据正态分布的参数μ和δ，结合采样点位置的提

注：1hm（公顷）＝（100m）^{2}＝10000m^2＝15亩

取值，对生长区划和品质区划进行分类。按照生态适宜性从低到高将板蓝根分布区依次分为3个等级，结果显示新疆北部的阿勒泰和塔城地区、甘肃中部祁连山和南部地区、陕西中部地区、黑龙江大庆及齐齐哈尔市、江苏和安徽的部分地区生态适宜性较高。赵文龙利用ArcGIS区域统计分析功能，对各省板蓝根最适宜与次适宜地区的分布面积进行了统计，结果显示适宜板蓝根生长的生态环境以新疆、内蒙古、四川、陕西和甘肃分布面积最大（图2-3）。

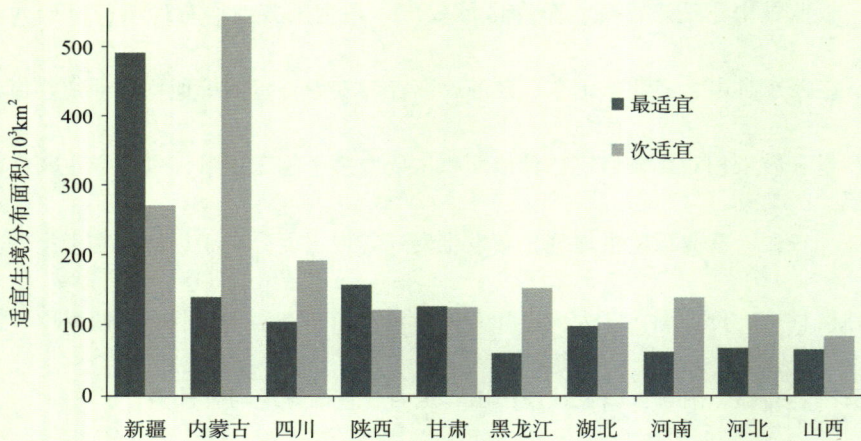

图2-3　全国各省板蓝根较适宜生态面积

比较板蓝根采样点地理分布和潜在适宜生态分布结果可以看出，板蓝根样点记录的实际分布均位于潜在适宜生态分布区内，说明预测与实际分布较为一致。从生态适宜性结果来看，板蓝根具有适宜生态分布广的特点，其生态适宜地区主要集中在我国新疆、内蒙古、甘肃、陕西、河北、山东和黑龙江等北方地区，这些地区主要以干旱半干旱气候为主；同时在江苏、安徽和湖北等相对湿润地区板蓝根的生态适宜性也较高，这说明板蓝根对气候的适应能力较强。

（二）板蓝根药材适宜种植区域

将实地采样并测定的板蓝根药材（R，S）–告依春含量与对应位置的生态因子进行逐步回归分析结合GIS技术估算出板蓝根（R，S）–告依春含量全国品质分布图，将该图与板蓝根生态适宜性分布图进行图层叠加运算，得到全国板蓝根适宜种植区域结果，全国适宜种植板蓝根并且药材中（R，S）–告依春含量符合《中国药典》标准（>0.02%）的区域分布较广，其中新疆、内蒙古、甘肃、陕西、河南、河北、江苏、湖北、安徽等省的适种面积最大，区域统计结果显示，上述区域中新疆、安徽、湖北、河北和河南种植的板蓝根品质较优（图2-4）。

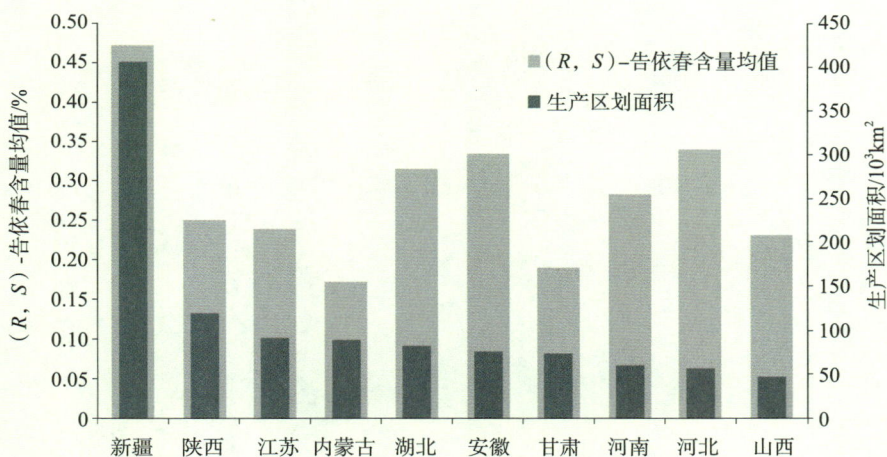

图2-4　全国各省板蓝根（R，S）–告依春含量均值和区划面积

注：《中华人民共和国药典》以下简称为《中国药典》，且未标注版次的均指2015年版。

第*3*章

板蓝根栽培技术

一、种子种苗繁育

由于板蓝根只采用种子繁殖，因此以下只介绍板蓝根种子繁育技术。

（一）繁殖材料

板蓝根采用种子播种后当年并不抽薹开花，采种要在第二年进行。因此板蓝根种子繁殖材料一般为一年生肥大肉质的根系。

（二）繁殖方式

板蓝根种子繁殖一般采用两种方式：一是选用头年生长健壮、无病虫害、肥大肉质的菘蓝根系，于第二年移栽于土壤肥沃、光照充足的大田间，5月中旬后开花结籽，即可获得种子；二是一年生板蓝根采收最后一次大青叶后不挖根，田间越冬，次年返青出苗，4~5月开花结籽，6~7月种子成熟，采集晾干，留作次年用种。

（三）种子繁育技术

1. 直播繁育

（1）选种 种子品质在很大程度上决定了板蓝根的产量和品质，因此对板蓝根种子要有一定的要求（图3-1）。根据相关研究，板蓝根种子可分为3级，一级种子：净度≥88.3%，种形指数2.5~3.8，千粒重≥8.5g，发芽率≥90%，种子饱满，有光泽，干燥，无杂质；二级种子：净度74.3%~88.3%，千粒

图3-1　板蓝根种子（左：脱壳前，右：脱壳后）

重≥6～8.5g，发芽率70%～90%，较饱满，略有光泽，有少许瘪粒及杂质；三级种子：净度≤74.3%，千粒重<6g，发芽率≤70%，种子干瘪，瘦小，大小不均匀，有不少杂质。三级种子由于千粒重较小，种子内积累的物质少，发芽后的植株由于营养物质匮乏，导致植株生长较弱，药材产量低。因此在生产中应选取一级种子和二级种子。

（2）种子处理　种子消毒可以灭除种子自带的病原菌，还可预防土传病害。主要的消毒措施有以下几种。

①浸种：播种前用30～40℃左右的温水浸种3～4小时，捞出种子，沥干，稍晾即用适量的草木灰混拌均匀。

17

②拌种：不仅能杀死种子表面病菌，还能抑制或杀死土壤中的病菌。浸种后的种子和干种子均能拌种。药剂拌种量一般为种子重量的0.2%～0.3%，常用拌种药剂有50%多菌灵、50%百菌清、70%代森锰锌等。

（3）播种　板蓝根种子采用大田直播，播种前浇透土壤。播前一次性施入尿素522kg·hm^{-2}，过磷酸钙490kg·hm^{-2}，钾肥186kg·hm^{-2}。

①播种时间：播种分为春播和秋播，春播于3月下旬至4月上旬进行，过早播种会降低对气象灾害的抵御能力，从而降低产量；过迟播种会缩短板蓝根生长期，造成减产。春播以第一年板蓝根成药为主，如果第一年不收获板蓝根，在第二年可繁育板蓝根种子。秋播在8月中、下旬进行，主要进行板蓝根种子繁育，以幼苗越冬，于翌年4月下旬至5月下旬开花。5月下旬至6月下旬为结果和果实成熟期。7月上旬即可选健壮植株收获种子。

②播种方式：板蓝根播种方式有撒播和条播两种。撒播是把种子均匀撒在畦面上，用细土掩盖，适当镇压。优点是对土地的利用率高，省工。缺点是对土壤、整地、播种技术要求较高，否则容易造成出苗率低、出苗不均匀、出苗后不利于田间管理。条播是先采用锄头开沟，沟深3cm，将种子沿沟底均匀撒入，然后覆土，其厚度与沟持平，用脚踩一遍，或用碌子轻压一遍。条播可使板蓝根出苗整齐、植株生长旺盛，利于田间管理（图3-2、图3-3）。

图3-2　板蓝根条播技术（1）

图3-3　板蓝根条播技术（2）

③播种量：播种量是指单位面积上的种子播量。由于繁殖区的条件各有不同，所以在不同地区应该有不同的播种量。甘肃的板蓝根繁殖区撒播和条播的播种量相同，约$22.5\sim30kg\cdot hm^{-2}$。一般自然条件优越的地区播种量较小，种子较差、土地贫瘠、施肥量小的地区应适当增大播种量。

（4）结籽期田间管理　由于板蓝根结籽期在第二年，想要留种必须在第一年成药期不挖根，露地越冬。结籽期田间管理等同于第一年，为了提高结籽量，可在4月下旬再喷施叶面肥一次，5月初可中耕除草一次。（图3-4、图3-5）

图3-4　板蓝根开花期（左）和盛花期（右）

图3-5　板蓝根灌浆期（左）和结籽期（右）

（5）种子采收　由于采用种子播种后当年并不抽薹开花，所以板蓝根采种要在第二年进行。采收最后一次大青叶后不挖根，露地越冬。次年6~7月种子成熟（图3-6）。因此采收种子的方式：6月

图3-6　板蓝根种子成熟期

下旬，当角果的果皮变成紫黑色后开始采收，选阴天割下茎秆，存放至阴凉干燥处，待晴天时摊开晾晒。等果实干燥后脱粒并清除杂质，装袋储藏在阴凉、干燥、通风的室内。

2. 种子繁育技术——根条移栽结籽技术

移栽地宜选择避风向阳、排水良好、阳光充足的地块。于第二年3月下旬至4月初，移栽第一年春播的无病害、健壮的板蓝根根条（图3-7）。移栽的根条株距为10cm、行距为30cm。发苗后及时加强水肥管理，并适当增施磷钾肥。

其他同种子直播。

图3-7　挑选健壮、无病害的根条用于板蓝根种子繁育

二、栽培技术

（一）选地、整地

板蓝根是一种深根系药用植物，喜温凉环境，耐寒冷，怕涝。应选择地势平坦、土层深厚、土壤肥沃、排水良好、含腐殖质丰富的沙质土壤或轻壤土地块种植。前茬以豆类、马铃薯、玉米或油料等作物为佳。前茬作物收获后，及时深耕晒垡，熟化土壤，纳雨保墒。播前深翻20～30cm，沙地可稍浅些，打碎土块，耙糖平整，做成宽1.5～2.0m，高20cm的平畦。结合做畦一次性基施腐熟农家肥15～22.5t·hm^{-2}、磷酸二铵750～900kg·hm^{-2}、尿素150～225kg·hm^{-2}。（图3-8）

图3-8 板蓝根耕地选用及整理

（二）播种

1. 种子处理

板蓝根种子因长期存放导致含水量较低，生理活动非常微弱，处于休眠状态。为了打破休眠，播种前需进行浸种催芽处理，其方法是先用30℃温水浸泡种子4～5h，然后捞出晾干后用湿布包好，置于25～30℃条件下催芽3～4天，待70%以上种子露白后即可播种。

2. 适时播种

播种时期分春播和秋播。春播在4月上中旬；秋播在8月下旬至9月上旬，幼苗在田间越冬，第2年的田间管理与春播相同。播种方法春秋播基本相同，只是秋播在结冻前灌1次水，以保护幼苗越冬。

播种方法有条播和撒播，条播时先采用锄头开沟，沟深3cm，将种子沿沟底均匀撒入，然后覆土，其厚度与沟持平，用脚踩1遍，或用碌子轻压1遍。撒播时将种子均匀撒在畦面，然后在畦面覆盖1～2cm厚的细土，镇压，灌水。两种播种方式播种量相同，有22～30kg·hm^{-2}，当气温保持在18～20℃情况下，7天即可出苗。

（三）田间管理

1. 间苗定苗

根据幼苗生长状况，于苗高3～4cm时间苗，补齐缺株，定苗时株距5～10cm。该阶段要注意保持土壤湿润，以促进养分吸收。

2. 中耕除草

由于杂草与板蓝根同时生长，齐苗后应及时中耕除草。当苗高6～7cm时进行第一次中耕除草，10cm时进行第二次中耕除草，以后根据杂草生长情况可用手拔除。

3. 追肥

在第一和第二次收割大青叶后可追施腐熟农家肥12～15t·hm^{-2}，或尿素45～60kg·hm^{-2}，以促进根和叶的生长。切忌施用碳酸氢铵，以免烧伤叶片。

4. 灌溉与排水

板蓝根生长前期水分不宜太多，以促进根部向下生长。7～9月份雨量较多时，可将畦间沟加深，大田四周加开深沟，以利及时排水，避免烂根。板蓝根生长期间如遇较长时间干旱，就须在早晚进行补灌。切忌在白天温度高时灌水，以免高温灼伤叶片，影响植株生长。

（四）病虫害及防治

1. 菌核病

一般在4月中旬发病，在多雨高温的5～6月中发病最重。偏施氮肥、排水不良、管理粗放、雨后积水等均有利于发病。发病时基部叶片首先发病，病斑处呈水渍状，后为青褐色，最后腐烂。茎秆受害后，布满白色菌丝，皮层软腐，茎秆表面和叶上可见黑色不规则的鼠粪状菌核，使整枝变白倒伏枯死。

防治方法：水旱轮作或与禾本科作物轮作，避免与十字花科作物轮作；增施磷、钾肥，提高植株抗病力；开沟排水，降低田间温度。发病初期用65%代森锌500～600倍液喷雾，每隔7天喷一次，连续2～3次。

2. 白锈病

一般在4月中旬至5月发生，为害时间较短。患病叶面出现黄绿色小斑点，叶背长出一隆起的白色脓包状斑点，破裂后散出白色粉末状物，叶片变畸形，后期枯死。

防治方法：清除田间植株残体，减少越冬菌源；实行轮作；雨后及时通沟排水，降低田间湿度；发病初期喷洒波尔多液（1∶1∶120），每隔7天喷一次，连续2～3次。

3. 根腐病

一般在5月中下旬开始发生，6～7月为盛期。田间湿度大、气温高为该病发生的主要因素。发病后根部呈黑褐色，向上蔓延可达茎及叶柄，随后根的髓部也变成黑褐色，最后整个主根部分变成黑褐色的皮壳，皮壳内呈现乱麻状的木质化纤维（图3-9）。

图3-9　板蓝根根腐病

防治方法：选择地势略高、排水畅通的地块种植；采用75%百菌清可湿性粉剂600倍液或70%敌可松1000倍液进行喷药防治。

4. 霜霉病

该病危害叶部，在叶背面产生白色或灰白色霉状物，无明显病斑，严重时叶片枯死。

防治方法：以农业防治为主，与禾本科、豆科植物合理轮作、合理密植，改善通风透光条件，发现病叶病株及时清除带出田外，集中深埋。也可用50%退菌特1000倍液或65%代森锌500倍液喷雾防治。

5. 菜粉蝶

翅为白色，幼虫称菜青虫。菜粉蝶幼虫身体背面青绿色，咬食叶片，造成孔洞或缺刻，严重时仅残留叶脉和叶柄。每年能发生多代，以5、6月第一、第二代发生最多，危害最为严重（图3-10）。

防治方法：可用苏云金杆菌可湿性粉剂500～800倍液、90%敌百虫800倍液或10%杀灭菊酯乳油2000～3000倍液喷雾。

图3-10　板蓝根害虫

6. 蚜虫

蚜虫是板蓝根常见害虫。危害后植株严重缩水卷缩，扭曲变黄，大大降低了板蓝根的产量和药用价值。同时，蚜虫还是多种病毒病的传播者。蚜虫一般在3月份开始活动，春秋两季危害最重，如果遇上秋旱极易发生蚜虫。

防治方法：合理规划土地，种植板蓝根的地块应尽量选择远离十字花科地以及桃、李果园，以减少蚜虫迁入。消除田间杂草，结合中耕打去老叶和黄叶，间去病虫苗，带出田外及时销毁。蚜虫多着生在板蓝根的心叶及叶背皱缩处，药剂难以全面喷到，要求在喷药时要周到细致。一般用40%氰戊菊酯6000倍液、10%吡虫啉可湿性粉剂1500～2500倍液喷雾。

三、采收与产地加工技术

（一）采收

1. 大青叶采收

春播板蓝根每年可收割大青叶1～2次，以第1次采收的质量最好。第1次收割时间在8月下旬，第2次收割与收根同时进行（图3-11）。收割大青叶时选择晴天收割，这样既有

图3-11　大青叶成熟期

27

利于植株重新生长，又有利于大青叶的晾晒，可以获取高质量的大青叶。避免在伏天高温季节收割大青叶，以免引发病变造成成片死亡。收割方法：一是贴地面割去芦头的一部分，此法新叶重新生长迟，易烂根，但发棵大；二是离地面3cm处割去，这样不会损伤芦头，新叶生长较快。大青叶收获后要立即晒干，不可堆放在一起，以免发黑变质。

2. 板蓝根采收

根据板蓝根药效成分的高低，适时采收。实验证明：12月份的含量最高，因此，在初霜后的12月中下旬采收，可获取药效成分含量高、质量好的板蓝根。故这段时间选择晴天，进行板蓝根的采收（图3-12）。先割去叶片（免伤芦头），然后用锹或镐深刨，一株一株挖起，注意不要将根挖断，以免降低外观质量（图3-13）。

图3-12 板蓝根采收前期——黑龙江省大庆市大同区

但随着种植面积的加大，人工采收效率不高，因此多采用机械化（图3-14、图3-15）。

图3-13　板蓝根人工采收

图3-14　板蓝根机械采收——甘肃省民乐县

图3-15 板蓝根机械采收——黑龙江省大庆市大同区

（二）加工贮藏

大青叶收割后需要进行晾晒。如果采取阴干方式，需在通风处搭设荫棚，将大青叶扎成小把，挂于棚内阴干；如果晒干，则需经常翻动大青叶，使其均匀干燥。无论是阴干还是晒干都要严防雨露，最后贮藏在通风干燥处以免发生霉变。

板蓝根先除去泥土、芦头和茎叶，摊在芦席上晒至七八成干，扎成小捆后再晒至全干，晒时严防雨淋，打包后装麻袋置于阴凉通风干燥处贮藏，并注意防潮、霉变、虫蛀（图3-16、图3-17）。

图3-16 板蓝根加工——甘肃省和政县

图3-17　板蓝根晾晒过程——甘肃省民乐县

第4章

板蓝根特色
适宜技术

板蓝根除了常规栽培技术外，还因各地条件和用途不同采用了其特色适宜栽培技术。

一、板蓝根间套种技术

（一）猕猴桃园套种板蓝根技术

1. 适宜区域及背景

该技术源于陕西省杨凌地区。猕猴桃为陕西省一个具有竞争优势的朝阳富民产业，近年来，随着猕猴桃产业的大力发展，栽植面积迅速扩大。但在猕猴桃栽植后的几年内，几乎没有多大的效益，不能充分地利用土地、光能、空气、水肥等自然资源。因此，如何提高猕猴桃幼龄果园的经济效益，是广大果农非常关心的问题。采用果园套种板蓝根种植技术，探索"林果套药材，以短养长"的高效、高产立体种植模式，可提高经济效益，增加农民收入。

2. 栽培技术

种植用地选择猕猴桃1～3年生幼龄果园，3年生以上的猕猴桃园由于树体较大，有了一定的郁闭度，园内光线不足，不适合板蓝根生长，不建议套种板蓝根。

播种前先深翻土地20～30cm，施足基肥30t·hm^{-2}。于4月上旬，将种子用40℃温水浸种4小时，捞出晾干，用细土1∶1拌种。开挖2～3cm深的浅沟，将种子均匀地撒于沟内，以细粪细土各半的肥土覆盖，以盖严种子为度，然后泼水保湿，播种30kg·hm^{-2}。在板蓝根株高4～7cm时，按株距6～7cm定苗，同时进行除草、松土。定苗后视植株生长情况，进行浇水和追肥。5月下旬追施硫酸铵600～750kg·hm^{-2}，过磷酸钙112.5～225kg·hm^{-2}，混合后撒入行间，6月下旬和8月中、下旬采收2～3次叶片（大青叶），割叶后立即晒干。割叶选晴天收割，基部留茬2cm，以利叶片再生，每次采叶后进行追肥浇水。10～11月霜降前割除茎叶，挖取地下根，避免把主根挖断。就地晒失水分，待半干时抖去泥土，切去芦头，理直捆扎成把，再充分晒干即成。

种植行距20～25cm，板蓝根栽植行距过小，密度加大，产量虽然影响不大，但会造成地下根细弱，地上部分叶片容易滋生病虫害，以霜霉病、蚜虫、菜青虫比较严重。行距过大，比较稀疏，产量会受到一定的影响。

（二）全膜双垄沟播蚕豆套种板蓝根高效栽培技术

1. 适宜区域及背景

全膜双垄沟播蚕豆套种技术源于甘肃省临洮县。这项技术规避了当地干旱少雨不利出苗，秋季雨水过多造成沤根、烂根，与小麦等密植作物套种共生期长不利于产量形成等缺陷，进一步挖掘了耕地增产潜力，提高了种植效益，增加了农民收入，合计收入在37500元·hm^{-2}以上，经济效益较好，当地农民乐于接受，易于推广。

2. 栽培技术

（1）选地整地　蚕豆、板蓝根均为深根系作物，应选择土层深厚、地势平坦、质地疏松、蓄水保肥力强的川地或旱地梯田种植。前茬以小麦、玉米、马铃薯、油料等作物为宜，忌重茬、迎茬。

（2）茬口安排　蚕豆一般在3月下旬至4月上旬播种，8月上中旬收获；板蓝根5月中下旬播种，当年10月中旬或翌年10月份土壤封冻前收获。

3. 板蓝根栽培技术要点

（1）播前准备　选择籽粒饱满、无霉变、无虫蛀、无杂质的两年生种子，将种子用30℃的温水浸种4～5h后捞出晾干用湿布包好，放在温度为30～40℃的条件下催芽3～4天，待60%～70%的种子露白即可播种。

（2）适时播种　5月中下旬蚕豆植株高度达到5～6cm时，在大垄垄面按株距6～8cm、行距20～30cm，播种经处理的板蓝根种子，每穴3～5粒，穴深2～3cm。用种量25kg·hm^{-2}左右。播种后用湿土封严破膜口，防止水分蒸发和大风揭膜。

（3）田间管理

① 间苗定苗：板蓝根播种后10～15天出苗，苗高6～8cm时进行间苗、定苗，去弱留壮，每穴留苗1～2株。缺苗的应带水移栽补齐。

② 追肥浇水：对弱势植株，7～8月结合灌水或降雨进行追肥，追施尿素

36

225kg·hm^{-2}，普通过磷酸钙25kg·hm^{-2}。板蓝根生长发育期间，土壤水分一般能够满足植株生长发育需要，如遇较长时间干旱，须在早晨或傍晚进行补灌，忌在白天高温时灌水。雨季降雨过多时，应开沟排水，避免烂根。

③人工除草：生长期间除草以人工拔除为主。

④病虫害防治：板蓝根的病害主要是白锈病、根腐病，虫害主要是蚜虫和菜青虫。白粉病发病初期可喷洒1：1：120波尔多液防治，间隔7天一次，连续2～3次；根腐病可用75%百菌清可湿性粉剂600倍液喷施防治。蚜虫可用10%吡虫啉可湿性粉剂1500～2500倍液或40%乐果乳油1000～1500倍液喷施防治；菜青虫可亩用10%吡虫啉可湿性粉剂10～20g兑水50～70kg喷施防治。

（4）板蓝根收获　当地以收板蓝根为主，生长期间一般不割叶，只在收获根之前割一次叶。10月中旬当板蓝根的根茎达到0.5cm左右时用药叉将全根挖出，严防断根；若根系细小，可待翌年10月份土壤封冻前采挖。起土后的药根需剔净泥土、茎叶和芦头，然后摊开晾晒，至七八成干时分级扎成小捆晒干，再放入包装袋内置于阴凉干燥通风处贮藏，注意防潮、霉变和虫蛀。收获完毕后及时清理废旧地膜等杂物，清洁土壤。

（三）板蓝根套种王不留行高效栽培技术

1. 适用区域及背景

该技术源于甘肃省民乐县。民乐县出产的板蓝根质量上乘，深受外地

客商青睐。王不留行也是一种中药材，属一年生草本，生育期较短，株高30～70cm，易于栽培管理。这两种药材套种栽培，比单纯垄作覆膜种植板蓝根提高了土地利用率，节约了管理成本，提高了种植效益。板蓝根一般为5月上旬播种10月中下旬收获，而王不留行是4月中旬播种7月中下旬收获。

2. 栽培技术

（1）种植模式　板蓝根起垄覆膜种植，垄高20cm，垄面宽80cm，垄上覆盖黑色地膜（黑色地膜有利于防除杂草）。垄上用穴播机按株距12cm、行距20cm，播种4行板蓝根；沟宽50cm，在沟内播种3行王不留行。

（2）整地施基肥　板蓝根系深根植物，要选择土层深厚、疏松的地块种植。施农家肥45～60t·hm^{-2}，过磷酸钙750～900kg·hm^{-2}、磷酸二铵300kg·hm^{-2}、生物钾肥60kg·hm^{-2}作底肥，将肥料均匀地撒于地表，深翻30cm以上，使土壤疏松。在4月中旬王不留行播种前进行起垄，垄高20cm、垄面宽80cm，垄上覆盖黑色地膜，膜上覆土厚3cm，沟宽50cm。

（3）板蓝根种植及管理技术

① 适时播种：当地一般在5月上旬播种。先用40℃的温水将种子浸泡4h，然后捞出晾干即可播种。播种时用手推式穴播机在垄上按株距12cm播4行。用种量30kg·hm^{-2}左右。

② 间苗定苗：苗齐后至苗高7～8cm时进行间苗定苗，每穴留2～3株，去

弱留壮，缺苗的补齐。黑膜覆盖的无需除草。

③ 灌水追肥：以收大青叶为主的，结合灌第1次水施尿素150～225kg·hm^{-2}。以收板蓝根为主的，生长旺期不割叶子，少追氮肥，适当施用磷肥和草木灰，促使根部生长粗大，产根量高。根、叶兼收时，生长旺盛时期割一次叶子，秋后收根。

④ 病虫害防治

霜霉病： 叶片、茎秆、花瓣、花梗、花萼、荚果等部位均易受害，被害的植株矮化，荚果细小、弯曲，常未熟先裂或不结实。在气温13～15℃，相对湿度90%以上时，病情发展极为迅速。在高海拔地区，7～8月的夜间露水较重，叶面水膜的存在有利于病菌侵染，所以在海拔2000m以上地区霜霉病发生较重。防治方法：发病初期可用72.2%霜霉威盐酸盐水剂800倍液，或58%甲霜·锰锌可湿性粉剂1000倍液、69%安克·锰锌可湿性粉剂600倍液喷施防治，每7～10天一次，连续2～3次。当霜霉病和白粉病混合发生时，可用40%三乙膦酸铝可湿性粉剂200倍液+15%三唑酮可湿粉剂2000倍液喷施防治。

白粉病： 叶片、叶柄、嫩茎均受害，在干旱及潮湿条件下均发病，以阴湿条件下发病严重；植株密集、叶片交织、通风不良处发病严重。防治方法：发病初期可用62.25%锰锌·腈菌唑可湿性粉剂1000倍液，或20%三唑酮乳油2000倍液、10%苯醚甲环唑水分散粒剂1500倍液、50%甲基硫菌灵可湿性粉剂1000

倍液喷施防治，每7～10天一次，连续2～3次。

根腐病： 根部被害，侧根或细根首先发病，病根变褐色，后蔓延到主根，使根部腐烂，地上部枝叶萎蔫，最后导致全株枯死。田间湿度大、温度高是病害发生的主要因素。防治方法：合理轮作、避免田间积水。田间发现病株时及时拔除带出田外烧毁，往病穴内撒施石灰粉进行消毒，周围植株用50%甲基硫菌灵可湿性粉剂500倍液灌根，防止蔓延。也可用50%代森锰锌可湿性粉剂1000倍液，或70%敌磺钠可溶粉剂1000倍液、20%乙酸铜可湿性粉剂1000倍液喷施。

小菜蛾和菜青虫： 主要为害叶片，幼虫取食叶肉，将叶片取食成孔洞，严重时成为网状或只剩叶脉。防治方法：小菜蛾有趋光性，在成虫发生期每15亩放一盏频振式杀虫灯或黑光灯，用以诱杀成虫。药剂防治：卵高峰至2龄前用BT乳剂500～1000倍液，或1.8%阿维菌素乳油1000倍液、5%氟虫脲可分散液剂1500倍液、0.3%苦参碱水剂500倍液喷施，每隔7～10天一次，连续2～3次。

根蛆： 根蛆是种蝇的幼虫，主要为害根部。为害轻的，根外皮层和木质部有淡黄色条状伤痕；为害重的，根部不同程度地出现黑色条状蛆痕，部分或大部分根内腐朽，未朽部位剖开后呈黑色空洞，严重影响板蓝根品质和产量。防治方法：种植之前，结合整地亩用3%辛硫磷颗粒剂2.50～3.50kg与化肥混合后施入土中，可杀灭种蝇的卵和幼虫。当成虫大量发生时，可用4.5%高效氯氰菊酯乳油1000倍液或3%阿维·高氯乳油1000～1500倍液喷施；成虫盛发7天后用90%敌百虫原药800～1000倍液灌浇苗根，消灭初孵幼虫。当根蛆已钻入根部时，可用40%辛硫磷乳油1000倍液灌根。注意大青叶收获前20天停止使用任何农药。

⑤ 采收与加工：如收大青叶，播种后水肥管理要及时跟上，一年可割收2～3次。割收叶子选择在晴天进行，收后立即晒干则色绿、质量好。收板蓝根时，生长期不割叶子或只割一次叶子，应于入冬前选晴天进行采挖，务必挖深，以防断根。将挖取的板蓝根去净泥土、芦头和茎叶，摊放在水泥地板上进行晾晒。在晾晒过程中要经常翻动，晒至七八成干后分级扎成小捆，再晒至全干即可。以根条长直、粗壮均匀、坚实、粉足者为佳。一般可产板蓝根（干货）6000kg·hm^{-2}左右，大青叶3000kg·hm^{-2}左右。

（四）冬小麦与板蓝根间作技术

1. 适宜区域及背景

该技术主要源于江苏省南京地区。小麦作为我国主要的粮食作物之一，栽培遍布全国，如何提高小麦产量、促进经济效益与环境效益双赢，是国内外科技人员研究的重要内容。间作是我国一种传统的农业种植方式，农作物和中药材间作套种，既能有效利用土地，又能充分利用光能、空气、水肥等自然资源，增加经济效益。板蓝根正常生长发育过程能够经过冬季低温阶段，生长条件与冬小麦相似，可与小麦间作。

冬小麦与板蓝根间作，冬小麦对优势营养和环境的竞争能力强于板蓝根；间作模式具有产量优势，冬小麦与板蓝根综合增产率达到5%。板蓝根是一种经济作物，零售价格依据市场行情波动较大，每年种植面积不一，投资风险较高；而小麦作为粮食作物，市场供需变化较小，价格比较稳定。冬小麦与板蓝根间作是一种经济节约型与环境友好型种植模式，促进产量增加提高经济效益的同时也促进农田CH_4吸收，可取得良好的环境效益。因此冬小麦与板蓝根间作既可增加农民收入，又能够满足经济与环境多样化需求，对于推广合理的间作种植模式，促进生态农业可持续发展具有重要参考价值。

2. 栽培技术

冬小麦和板蓝根播种日期都为10月下旬，次年6月初收获。小麦与板蓝根行距20cm，小麦播种量为100kg·hm^{-2}，板蓝根播种量为18.75kg·hm^{-2}。施肥：种植小麦时在播种前施基肥，即施900kg·hm^{-2}复合肥。次年4月下旬追施尿素75kg·hm^{-2}。田间管理及收获与普通冬小麦、板蓝根单作时的栽培技术一致。

3. 技术创新点

冬小麦间作板蓝根能够使小麦穗长、千粒重、穗重等农艺性状均得到提高，进而提高小麦产量。

冬小麦间作板蓝根处理比单一种植小麦累计CH_4通量减少34%；板蓝根对

土壤CH_4排放有抑制作用。

（五）刺椒与板蓝根复合种植技术

1. 适用区域及背景

该技术源于甘肃省广河县。临夏刺椒 *Robinia bungeanum* Maxim生长快、结果早、产量高，果实颗粒大、色泽红、品质好。具有抗旱、耐寒、适应性强等特点。刺椒与板蓝根复合种植是一种多功能立体种植模式，它既能改善生态环境，增加农民收入，又能缓解农林矛盾，提高土地生产力和光热水资源利用率。

2. 栽培技术

（1）间作林地选择及造林技术　临夏刺椒造林地应选择气候干旱半干旱、地势高、背风向阳的缓坡地或平地，并且排灌良好、土层深厚、土壤质地疏松、土壤肥沃的沙质壤土。板蓝根选择新造临夏刺椒林或5年生以下、郁闭度40%以下的临夏刺椒幼林地。

（2）板蓝根间作技术

整地：秋末翻耕，深度30～40cm，结合翻耕施磷酸二铵250～300kg·hm^{-2}、过磷酸钙600～750kg·hm^{-2}，有条件的可施农家肥15～30t·hm^{-2}作基肥。施肥后精细整地，冬初碾压保墒。

间作：在临夏刺椒树冠垂直投影范围以外间作板蓝根，以种子条播为主。4月中上旬按行距20～25cm开沟播种，沟深2cm左右，将种子均匀撒于沟内，

43

覆土耙细耱平，播前种子用30～40℃温水浸泡4h，捞出晾干后播种。播种量约

30kg·hm^{-2}左右。

（3）板蓝根的田间管理　与大田板蓝根栽培技术相同。

（4）板蓝根采收加工　与大田板蓝根操作相同。

二、板蓝根林下栽培技术

1. 适宜区域及背景

该技术源于农林用地矛盾突出的地方如山东省济南市、河南省三门峡市。中国人口众多，耕地面积有限，为了保证国家粮食安全，药材生产不能与粮争地；而多年的封山造林、退耕还林使林地面积逐年增加，为林药间作提供了很大空间。林药间作也作为一种主要的林下经济模式进行推广。板蓝根因为具有耐阴性、适应性强的特点而成为林下种植的优选品种。

2. 林地选择

板蓝根是深根植物，抗旱、耐寒、适应性强，适宜在沙壤土上种植。因此，应选择土壤层深厚、排水能力强的沙质土壤和腐殖壤土的林地种植。最好选择造林行距3m以上，郁闭度40%以下的林地结构，既不影响林地的正常收入，又可以为板蓝根提供基本的生长条件。如果行距过窄会影响机械化操作，如果郁闭度太高会影响板蓝根的生长从而降低产量。只有因地制宜地发展林下

板蓝根种植才能实现林下经济的可持续发展。

3. 林下栽培技术

（1）选地与整地　板蓝根的种植应选择有机质含量高、疏松的土壤。待前茬作物收获后要及时对林地进行翻耕，秋耕时尽量翻耕的深一些，因板蓝根的主根能伸入土中50cm左右，深耕细耙可以促使主根生长顺直、光滑、不分杈。种前施农家基肥45～60t·hm^{-2}，撒匀，深耕细耙整地做畦。

（2）繁殖方式　生产上采用种子繁殖。播种前先用清水浸泡12～24h，捞出晾至种子表面无水，用适量细沙或细土拌种。春播的适宜播种期为4月上旬至5月上旬，秋播可在8月下旬播种。春季当土壤5～10cm温度稳定在12℃以上、土壤相对含水量为60%～80%时播种。播种方式采用条播、撒播和穴播均可，生产中一般采用条播。采用30cm行距，播种深为2～3cm，为了保墒，播种后最好进行镇压。播种30～45kg·hm^{-2}，机械播种相应地增加播量。

（3）田间管理　在板蓝根株高4～7cm时，按株距4～6cm定苗，同时进行除草、松土。定苗后视植株生长情况进行浇水和追肥。播种后，杂草与板蓝根的幼苗同时生长，应抓紧时间及时进行松土除草。当幼苗冠幅封住畦面后，只除草不松土，直至秋季枯萎。生长后期适当保持土壤湿润，以促进养分吸收。一般5月下旬至6月上旬追施生物复合肥600～750kg·hm^{-2}，混合撒入行间。长势好的板蓝根可在6月下旬和8月中下旬采收2次叶片。为保证根部生长，每次采叶后

应进行追肥、浇水。

（4）病虫害防治　坚持"预防为主，综合防治"的方针，优先采用农业措施、物理措施和生物防治措施，科学合理地利用化学防治技术。

4. 采收

在板蓝根停止生长、地上部叶片枯萎前、叶片尚保持青绿状态时，选择晴天进行挖收。一般采用机械化收获，可根据林下的特点，选择小型机械作业，避免伤害林木的根系。大青叶收获时间：每年收割2～3次，第1次在6月中旬，第2次在8月下旬，第3次在9～10月结合收获地下部（板蓝根）进行。收获方法：选择晴天进行，用镰刀离地面2～3cm处割下叶片。

三、板蓝根芽苗菜生产技术

1. 适宜区域及背景

该技术源于河北省邯郸市。板蓝根芽苗菜具有清热解毒、排毒养颜、促进毛囊物质新陈代谢、延缓毛囊衰老等功效，而且口感清淡，略带苦味，既可生食凉拌，也可炒食做汤，是一种新兴的保健蔬菜。由于板蓝根芽苗菜的生产周期短，在生产过程中不使用农药，因此它还是一种绿色无公害的蔬菜品种。

2. 生产技术

（1）整地做畦　板蓝根芽苗菜栽培要选择在土壤肥沃、保水性好的壤土或沙壤土中进行。做畦前要先浇一次水，造好底墒，然后对土壤进行深翻，用耙子耙平耙细，做成1m宽的畦。由于板蓝根芽苗菜的采收是带根拔收的，为了保证板蓝根芽苗菜的商品性，不使芽苗菜上黏附有过多的泥土，在整好的畦上还要铺一层细河沙。将细河沙过筛，均匀的铺在畦中，厚度在2～2.5cm。

（2）种子处理　为了保证板蓝根种子有较高的发芽率，播种前，要用筛子和簸箕去除杂质。首先将板蓝根种子倒入筛子中，左右晃动筛子，这样掺杂在板蓝根种子中的一些体积较小的杂质就会被筛出。种子筛完后，再倒入簸箕中，上下抖动，这样一些重量较轻的草根及其他作物的种子就会被簸出。最后再仔细认真地将掺杂在种子中较大的杂质尽量挑除干净，以保证板蓝根种子有较高的发芽率。

板蓝根种子的外面包有膜翅，对板蓝根种子的发芽有一定的影响，播种前需将膜翅搓除。方法是用手抓起种子轻轻搓动，这样膜翅就会粉碎脱落；但用力不能太大，否则会将种子折断。因此，建议在温度适宜的情况下，不去除膜翅直接播种。

（3）播种　板蓝根芽苗菜采用撒播的方式。将种子均匀地撒播到已整好的畦中，用干种约3g·m^{-2}。种子播完后覆盖过筛河沙，厚度0.5cm。覆沙完成后，为了保证种子发芽的湿度还要浇水一次。浇水量不能太大，以免出现沤种现象。经过2～3天板蓝根芽苗菜的种子就可以出苗了。

（4）田间管理　从板蓝根芽苗菜出齐苗到采收大约要经过20天的时间。播种后至出苗前，要使用遮阳网进行覆盖遮阴，以保持土壤湿润利于板蓝根出苗。出苗后要及时撤掉遮阳网，让幼苗见光生长。板蓝根芽苗菜在10～35℃都能生长，但生长最适宜的温度为25～30℃。由于板蓝根芽苗菜生长期短，生长期间不需施肥，主要的管理是浇水和间苗。整个生长期间要小水勤浇，保持畦面见干见湿。随着芽苗菜的逐渐长大，幼苗越来越拥挤，这样会影响幼苗通风透光，影响幼苗的生长，严重时还会引起病害的发生。因此对于畦中幼苗生长过密的地方要及时进行间苗。间苗时要本着"去弱留强，去小留大"的原则，将过密处的瘦弱苗拔出。由于幼苗的生长密度较大，在间苗操作时要格外小心，不要伤及旁边的幼苗。留苗密度为4～5cm见方即可，400～625棵/米^2。

（5）采收　当幼苗长出4～5片真叶，苗高10～15cm时就可以采收。采收要选在早晨或傍晚进行。从畦的边缘开始，采用拔收的方法，采收时用手轻轻将芽苗菜从畦中拔出即可。如果留苗过密或生长不整齐，可先捡大苗采收，留下的小苗浇一水，生长5～7天后再收获。为了使芽苗菜更加美观，在采收时要尽量将芽苗菜根部黏附的细沙抖落干净，并去除黄叶。板蓝根芽苗菜一般100g左右为一捆，用皮筋捆扎，或放入保鲜盘内覆盖保鲜膜，尽快上市销售。

四、中草药混合种植修复采矿废弃地技术

1. 适宜区域及背景

中草药混合种植可去除金矿、铁矿和煤矿石等污染的土壤中的重金属。该技术源于采矿废弃地如北京密云区、门头沟区等。我国当前生态系统十分脆弱，土壤修复任务艰巨且繁重。而很多矿山主要分布在生态涵养区，长期的历史开采造成了严重的矿山地质环境问题。同时，由于采矿废弃地的长期暴露和雨水淋溶，矿区土壤中的重金属对周围的农田存在潜在的健康风险。

在土壤重金属污染治理中，物理修复和化学修复的优点是快速，但是所需投入较大；生物修复技术是相对较为经济、绿色、广谱的原位处理技术。

2. 修复植物概况

现已在常见的修复植物白花三叶草（*Trifolium repens* L.）、高羊茅（*Festucaelefa* Schreb.）、紫花苜蓿（*Medicago sativa* L.）的基础上，增加了板蓝根、桔梗、波斯菊和薄荷等中草药的综合修复模式，以按照师法自然的原则增加生物多样性，同时这些中草药类植物会释放特殊的气味，对于防治虫害起到了一定的作用，从而有助于在土壤修复工程实践中提高修复的成功率、降低管护费用。

3. 种植密度

各种植物的播种密度为：高羊茅40g·m^{-2}，三叶草15g·m^{-2}，紫花苜蓿10g·m^{-2}，板蓝根8g·m^{-2}，桔梗6g·m^{-2}，野花组合8g·m^{-2}，波斯菊5g·m^{-2}，薄荷为扦插种植。

五、无公害板蓝根栽培技术

1. 选地、整地

同第3章的相关内容。

2. 繁殖方法

同第3章的相关内容。

3. 田间管理

苗高7～10cm时应结合中耕除草、及时间苗，最后按株距6～8cm定苗。定苗后，根据植株生长情况，适当追施1次农家肥或化肥，如遇伏天干旱天气可在早、晚浇水，切忌在阳光暴晒下进行浇水。

六、板蓝根高产优质平衡施肥技术

通过N、P肥与K肥配合施用的田间试验结果表明，在N、P水平相同时，增施K肥，板蓝根增产增收效果明显，其中以施K$_2$O 375kg·hm^{-2}、纯N 300kg·hm^{-2}

和P_2O_5 450kg·hm^{-2}的配施效果最好，比农民习惯施肥增产27.1%，增收43.1%。但从节约肥料和经济有效来看，生产上应推荐施K_2O 375kg·hm^{-2}+N 300kg·hm^{-2}+P_2O_5 225kg·hm^{-2}+饼肥750kg·hm^{-2}的施肥配方。不同钾肥种类试验的结果表明：板蓝根施用氯化钾和硫酸钾的产量差异不大。以施用氯化钾较经济、有效。

第5章

板蓝根药材质量评价

一、本草考证与道地沿革

（一）本草考证

板蓝根，以"蓝"的药用价值始载于秦汉时期的《神农本草经》。其中就有蓝实（"蓝"的果实）入药的记载："味苦，寒。主解诸毒，杀蛊蚑、注鬼、螫毒。久服，头不白、轻身"。而蓝实则归为上品药。梁代陶弘景编著的《本草经集注》记载："此即今染（缲）碧所用者，至解毒人卒不能得生蓝汁，乃烷，（缲）布汁以解之亦善。以叶涂五心，又止烦闷。尖叶者为胜。"《名医别录》谓"蓝实生河内平泽，其茎叶可以染青"。正是染青讲到了蓝实含有靛蓝的本质特征。唐代苏敬等所编著的《新修本草》认为："蓝有三种"。一种名木蓝子，"叶围经二寸许，厚三四分者，堪染者，出岭南"；一种名为菘蓝，"其汁抨为淀，甚青者"；一种名为蓼蓝，"其苗似蓼而味不辛，不堪为淀，惟作碧色尔"。并曰："本经所用乃蓼蓝实也"。在这里，有四点值得注意：一是三种蓝均能染青碧色；二是《神农本草经》所载蓝实是蓼蓝的种子；三是菘蓝和蓼蓝有区别，菘蓝为淀而蓼蓝不堪为淀；四是蓼蓝"苗似蓼而味不辛"。这一植物特征说明，古代的蓼蓝与今用之蓼蓝为同一种植物。《尔雅》所谓"蓝实来源于马蓝"是也。又福州一种马蓝，四时俱有，叶类苦荬菜，土人连根采服，治疗败血。"宋代《本草图经》记载："有菘蓝，可以为淀者，亦名马蓝"。寇宗奭《本草衍义》认为蓝实"即大蓝实也。谓之蓼蓝非是，所说是"。

宋代《证类本草》记载："蓝处处有之，人家蔬作畦种"。说明宋代当时已经开始栽培中药材，对蓼蓝的生物性状了解也比较全面，谓"三四月生苗，高三二尺许，叶似水蓼，花红白色，实亦若蓼子而大，黑色，五月六月采实。但可染碧，不堪作淀，……即医方所有者也"。木蓝子当时已不用，固有"别有木蓝，出岭蓝，不入药"。在淘汰一个品种的同时，又增添福州马蓝和江宁吴蓝，所谓"……福州一种马蓝，四时具有，叶类苦荬菜"，土人连根采用的习惯和治败血症的功效都与今爵床科植物马蓝相似；至于江宁吴蓝，"二月内生，如蒿，叶青花白"，似乎与江苏、安徽习用的菘蓝原植物不同。

到了明代，对中国传统医学来说是全面丰收的黄金时代。明初，药物学发展缓慢，到了后期，发展速度加快，出现了《本草纲目》《本草经疏》等影响深远的著作。李时珍在《本草纲目》中对蓝进行了详尽的分类，认为蓝应分蓼蓝、菘蓝、马蓝、蓝、木蓝五种，雌蓝，实专取蓼蓝者……菘蓝，叶如白菘。马蓝，叶如苦荬，吴蓝，长茎如蒿而花白，吴人种之。木蓝，长茎如决明，叶如槐叶，七月开淡红花，结角，如小豆角。并明确提出马蓝"即郭璞所谓大叶冬蓝，俗中所谓板蓝者"，从中可知，宋时不用的木蓝，到明代又开始应用了。板蓝是马蓝的别名，马蓝的根在福建土人中用，可能是今板蓝根的最早来源。

中国清代植物学专著，吴其浚编著的《植物名实图考》记载："蓝，《本经》上品，李时珍分别五种，极确晰。为淀则一，而花叶全别，今俗所种多是蓼蓝、菘蓝，马蓝即板蓝，其吴地种之木蓝，俗谓之瑰叶蓝，亦间种子。"张宗法编撰的《三农纪》记载："枝蓝形如蓼蓝，不花实。间有花，红靛色。无实。以枝栽土中，即生叶，比蓼蓝大而皱拗，色深青而圆。秸赤有节，节间发叶，叶可出淀，味辛，不堪食。"

1977年《中药大辞典》中的板蓝根为十字花科的欧洲菘蓝*Isatis tinctoria* L. 和草大青（菘蓝）*Isatis nidigotica* Fort.，或爵床科马蓝*Baphicacanthus cusia*（Nees）Bremek. 的根。《中药鉴别手册》除收载十字花科的菘蓝、欧洲菘蓝以及爵床科马蓝的根作为板蓝根药用外，同时收载了马鞭草科的大青，并明确其根与菘蓝的根效用相同。1977年版的《中华人民共和国药典》（一部）更是误把大青叶、板蓝根的原植物来源说成是十字花科的欧洲菘蓝。幸运的是，通过学者多年的努力，最终搞清楚了南、北板蓝根之分，菘蓝和欧洲菘蓝之分，以及大青和菘蓝的关系。在《中国药典》（一部）1985年版收载板蓝根时，明确规定板蓝根为十字花科植物菘蓝*Isatis indigotica* Fort. 的干燥根；而1985～2015年的版本一直有收载板蓝根，而菘蓝和马蓝均作为板蓝根入药，直到1995年《中国药典》将其分别载入，板蓝根为十字花科植物菘蓝的干燥根，习称北板蓝根，为全国多数地区习用；南板蓝根为爵床科植物马蓝的根茎和根，为西南

和华南地区习用，菘蓝及马蓝的叶均作为青黛来源使用，而《中国药典》中大青叶来源仅为菘蓝，但南方部分地区也用马蓝的叶作为大青叶使用。自此，板蓝根也专指十字花科植物菘蓝 *Isatis indigotica* Fort. 的干燥根。

（二）道地沿革

板蓝根从秦汉时期到唐代一直有记载，但都是野生的，具体地方不详；到宋代开始有栽培，主要是土人使用，所用原药材与现今板蓝根药材来源不同；到了明代，马蓝的根在福建土人中用，可能是现今板蓝根的最早来源。到目前，尚无一致公认的板蓝根道地产区，仅文献记载过河北省为道地产区，具体地域并不明确。现如今板蓝根主产于河北、安徽、江苏、河南、甘肃等省，其他各省也有少量分布。安徽省主要种植地区为阜阳、泗县、亳州、临泉；河北省主要种植地区为安国、邢台；河南省禹州、拓城、安阳、辉县等地有栽种；江苏省射阳县为省内板蓝根的主产地，药材供应江、浙两省，如皋、泰兴等地亦有少量种植，南通、太仓、溧阳等地现已基本停产；山东省临沂、菏泽等地仍有少量种植；陕西咸阳、内蒙古赤峰、山西太谷、辽宁沈阳都有少量种植，除内蒙古药材供应东北地区外，其余地方多自产自销。另外浙江的萧山、诸暨，湖北的襄樊、松滋、鄂西、黄陂、随州，甘肃的榆中、张掖市的民乐、陇南市武都、宕昌县等地亦是产地。从资源调查的结果可以看出，菘蓝在我国有着悠久的栽培历史，北方大部分地区都有分布，南方相对较少。目前板蓝根产

地多集中在华北、华东某些较贫困的地区。

二、药典标准

2015年版《中国药典》对板蓝根药材及饮片在来源、性状、鉴别、检查、浸出物测定、含量测定等各项指标进行了规定。

板蓝根药材

【来源】 本品为十字花科植物菘蓝*Isatis indigotica* Fort.的干燥根。秋季采挖,除去泥沙,晒干。

【性状】 本品呈圆柱形,稍扭曲,长10～20cm,直径0.5～1cm。表面淡灰黄色或淡棕黄色,有纵皱纹、横长皮孔样突起及支根痕。根头略膨大,可见暗绿色或暗棕色轮状排列的叶柄残基和密集的疣状突起。体实,质略软,断面皮部黄白色,木部黄色。气微,味微甜后苦涩。

【鉴别】

(1)本品横切面:木栓层为数列细胞。栓内层狭。韧皮部宽广,射线明显。形成层成环。木质部导管黄色,类圆形,直径约至80μm;有木纤维束。薄壁细胞含淀粉粒。

(2)取本品粉末0.5g,加稀乙醇20ml,超声处理20分钟,滤过,滤液蒸干,残渣加稀乙醇1ml使溶解,作为供试品溶液。另取板蓝根对照药材0.5g,

同法制成对照药材溶液。再取精氨酸对照品，加稀乙醇制成每1ml含0.5mg的溶液，作为对照品溶液。照薄层色谱法（通则0502）试验，吸取上述三种溶液各1～2μl，分别点于同一硅胶G薄层板上，以正丁醇–冰醋酸–水（19∶5∶5）为展开剂，展开，取出，热风吹干，喷以茚三酮试液，在105℃加热至斑点显色清晰。供试品色谱中，在与对照药材色谱和对照品色谱相应的位置上，显相同颜色的斑点。

（3）取本品粉末1g，加80%甲醇20ml，超声处理30分钟，滤过，滤液蒸干，残渣加甲醇1ml使溶解，作为供试品溶液。另取板蓝根对照药材1 g，同法制成对照药材溶液。再取（R，S）-告依春对照品，加甲醇制成每1ml含0.5mg的溶液，作为对照品的溶液。照薄层色谱法（通则0502）试验，吸取上述三种溶液各5～10μl，分别点于同一硅胶GF$_{254}$薄层板上，以石油醚（60～90℃）-乙酸乙酯（1∶1）为展开剂，展开，取出，晾干，置紫外光灯（254nm）下检视。供试品色谱中，在与对照药材色谱和对照品色谱相应的位置上，显相同颜色的斑点。

【检查】　水分　不得过15.0%（通则0832第二法）。

　　　　　总灰分　不得过9.0%（通则2302）。

　　　　　酸不溶性灰分　不得过2.0%（通则2302）。

【浸出物】　照醇溶性浸出物测定法（通则2201）项下的热浸法测定，用

45%乙醇作溶剂，不得少于25.0%。

【含量测定】 照高效液相色谱法（通则0512）测定。

色谱条件与系统适用性试验 以十八烷基硅烷键合硅胶为填充剂；以甲醇–0.02%磷酸溶液（7∶93）为流动相；检测波长为245nm。理论板数按（R，S）–告依春峰计算应不低于5000。

对照品溶液的制备 取（R，S）–告依春对照品适量，精密称定，加甲醇制成每1ml含40μg的溶液，即得。

供试品溶液的制备 取本品粉末（过四号筛）约1g，精密称定，置圆底瓶中，精密加入水50ml，称定重量，煎煮2小时，放冷，再称定重量，用水补足减失的重量，摇匀，滤过，取续滤液，即得。

测定方法 分别精密吸取对照品溶液与供试品溶液各10～20μl，注入液相色谱仪，测定，即得。

本品按干燥品计算，含（R，S）–告依春（C_5H_7NOS）不得少于0.020%。

板蓝根饮片

【炮制】 除去杂质，洗净，润透，切厚片，干燥。

本品呈圆形的厚片。外表皮淡灰黄色至淡棕黄色，有纵皱纹。切面皮部黄白色，木部黄色。气微，味微甜后苦涩。

【检查】 水分 同药材，不得过13.0%。总灰分 同药材，不得过8.0%。

【含量测定】　同药材，含（R，S）-告依春（C_5H_7NOS）不得少于0.030%。

【鉴别】　（除横切面外）同药材。

【检查】　（酸不溶性灰分）同药材。

【浸出物】　同药材。

【性味与归经】　苦，寒。归心、胃经。

【功能与主治】　清热解毒，凉血利咽。用于瘟疫时毒，发热咽痛，瘟毒发斑，痄腮，烂喉丹痧，大头瘟疫，丹毒，痈肿。

【用法与用量】　9～15g。

【贮藏】　置干燥处，防霉，防蛀。

三、质量评价

板蓝根药材的质量评价方法主要包括以下几个方面。

（一）来源鉴定

仔细观察植物的形态，例如根、茎、叶、花、果实等器官，并根据已观察到的形态特征和检品的产地、别名、效用等线索，查阅《中国植物志》和全国性或地方性的中草药书籍和图鉴，加以分析对照。在核对文献时，首先查考植物分类方面的著作，如《中国植物志》《中国高等植物图鉴》《新华本草纲要》《中国中药资源丛书》及有关的地区性植物志等；其次再查阅有关论述中

药品种方面的著作，如《中药志》《中药材品种论述》《中药品种新理论的研究》《常用中药材品种整理和质量研究》等。由于各书记载植物形态的深度不同，对同一种植物的记述有时也会不一致，因此必要时，还须进一步查对原始文献，以便正确鉴定。最后结合标本，进一步确定板蓝根基源的准确性。板蓝根原植物形态特征为：二年生草本。主根深长。茎直立，光滑无毛。叶互生，基生叶具柄，叶片长椭圆形，全缘或波状；茎生叶长圆形或长圆状披针形，长3～15cm，宽0.5～3.5cm，先端钝或尖，基部垂耳圆形，半抱茎或不明显，全缘。复总状花序，花黄色；花萼4；花瓣4；雄蕊6，四强；角果长圆形，扁平，边缘翅状，紫色。花期4～5月，果期6月。

（二）性状鉴定

中药的形状、大小、颜色、表面特征、质地、断面、气、味、水试、火试等特征与中药质量密切相关，看似简单的方法，在某种情况下能快速、准确地解决问题。"辨状论质"是理论与实践的证明，性状鉴定是中药鉴定的基础，是永远不可取缔和替代的有效鉴定方法，也是评价中药品质的特色方法之一。性状鉴定有着几千年的应用历史，是实践经验的经典，在中医药发展史中会永远以其独特的方式被人们所传用。刘盛等对不同栽培居群板蓝根性状及显微特征进行了变异研究。结果表明：不同居群的板蓝根在性状上可分为胶质和粉质两大类，它们的显微组织特征虽基本相同，但淀粉粒的大小、复粒数量占

淀粉粒总数的比例不仅在两大类之间有显著差异，不同居群之间也有较明显的差异。

（三）显微鉴定

利用显微技术对药材进行显微分析，显微鉴定主要包括组织形态和粉末形态，中药组织形态和粉末形态具有生物学稳定的特性，而且富有规律性和专属性，大都可以鉴定到种。中药的组织构造和细胞中的代谢产物等与中药质量相关，显微鉴定在某种程度上也反映了中药的内在质量，显微化学方法可以确定某些代谢产物在中药组织中的分布，鉴定药材的品质。近年来，除光学显微镜、电镜及荧光显微镜外，计算机显微图像分析技术等应用于中药显微鉴定，使中药的显微特征更加立体和生动。目前显微鉴定这一传统的方法又赋予新的含义，显微鉴定常数与化学成分的相关性、显微定量研究、动物药残留及数字化显微鉴定研究平台的建立等均取得了一定的进展和可喜的成果。因此通过显微鉴定，可以辅助性状鉴定确定药材的品种和质量。熊清平等采用性状鉴别及显微鉴别的方法对野生与栽培南板蓝根的形态及组织结构进行比较研究。结果表明，野生与栽培南板蓝根药用部位、外观性状及横切面组织结构方面存在明显的差异。

（四）理化鉴定

理化鉴定是发展较为迅速的方法，除一般的理化反应外，光谱鉴定、色谱

鉴定在中药鉴定中也广泛应用。在中药质量标准制定和中药品质评价中，针对中药的有效成分或指标性成分进行定性、定量分析，或对毒性成分进行限量检查。中药指纹图谱鉴定是一种相对反映总体化学成分信息的方法，这种建立多维多息特征的指纹图谱具有整体性和模糊性的特点，与中医药理论的整体性原则和中药作用机制模糊性相对应，是极具发展潜力的一种鉴定研究方法与模式。近年来板蓝根药材的理化鉴定方法主要包括以下几个方面。

1. 薄层色谱法

用单一对照品或对照药材（一个或多个斑点）作对照，根据供试品与对照品或对照药材色谱特色的相似性判断定性鉴别结果，确认中药材及其制剂中某味药材的存在与否。目前用的对照品为精氨酸，也有采用板蓝根中表告依春进行定性分析。刘晓芳等学者对20批板蓝根做了靛蓝、靛玉红的薄层色谱鉴别，结果表明：鉴别特征明显，专属性强，该方法简单灵敏，准确可靠，重现性好，可完善现行的质量标准。

2. 高效液相色谱（HPLC）指纹图谱

高效液相指纹图谱是一种能够反映中药多种成分特点的质量控制技术，是中药现代化的一个重点内容。近年来，中药指纹图谱发展迅速，通过测试供试品的色谱或光谱指纹图谱，与被测药物的标准指纹图谱进行对比，确定某药物的存在与否或质量优劣，以达到定性鉴别的目的。有学者已建立了板蓝根药材的HPLC指纹图谱，采用Phenomenex luna C_{18}色谱柱（4.6mm×250mm，5μm）；流动相为乙腈–0.1%甲酸水溶液进行梯度洗脱，检测波长为长254nm，流速0.5ml/min。该方法为控制板蓝根药材的内在质量提供依据。林文艳等学者应用RP–HPLC法，梯度洗脱分析市售的11批板蓝根饮片的醋酸乙酯提取物，建立板蓝根饮片的指纹图谱。此方法为深入研究板蓝根的质量标准提供了实验基础。胡晓燕等学者采用HPLC法对20批不同产地板蓝根药材建立了化学指纹图谱并测定了（R，S）告依春的含量，从定性和定量两方面反映了板蓝根药材的化学成分信息，为板蓝根药材的质量控制与评价提供了理论参考。李友等学者通过对板蓝根粗粉和水润切制后的饮片进行HPLC测定，并采用中药色谱指纹图谱相似度评价软件进行比较。结果表明，板蓝根在切制前后，指纹图谱对照谱图存在明显差异，中等极性部分在切制后损失较多。闫峻等学者建立了复方板蓝根颗粒提取物HPLC–指纹图谱分析方法，确定了10批不同来源复方板蓝根颗粒提取物的19个共有峰。各提取物的HPLC–UV指纹图谱与对照指纹图谱比较，相似度均在93%以上。并利用液相色谱与质谱联用（LC–ESI–MSn）技术对主要共有峰的结构进行了鉴定。研究表明，建立的指纹图谱精密度、稳定性和重现性良好，可作为复方板蓝根颗粒的质量评价方法。冯晓燕建立了13批不同产地的板蓝根超微粉体水溶性成分HPLC指纹图谱，确立了7个共有峰，13批样品相似度达到70%以上；建立了13批板蓝根超微粉体氨基酸成分HPLC指纹图谱，

确定了15个共有峰，13批样品相似度达到70%以上。为中药板蓝根超微粉体质量标准的制订及完善提供试验数据。肖珊珊等利用板蓝根指纹图谱及多维指纹图谱研究建立了板蓝根的梯度洗脱HPLC指纹图谱，并结合实际生产建立了等度洗脱HPLC指纹图谱，为药材的质量控制方法奠定了基础。在板蓝根HPLC指纹图谱的基础上，对20批板蓝根样品的色谱图进行聚类分析，梯度洗脱和等度洗脱聚类结果具有一致性。采用国家药典委员会的计算机辅助相似度评价系统（相似度评价系统）和混批样品建立两种共有模式，采用三种测度计算相似度，相同样品的梯度洗脱和等度洗脱相似度趋于一致。利用相似度评价系统计算相似度时，应与含量测定相结合，用双指标体系判定。分析结果表明，板蓝根药材指纹图谱的相似度大于90%者为合格品。该实验比较了板蓝根药材、中间体和注射液图谱间的相关性，还考查了相同填料不同品牌色谱柱对指纹图谱研究的影响。该实验还建立了板蓝根的LC/MS指纹图谱，在质谱总离子流色谱图（TIC）中反映了紫外没有吸收的组分和混合组分对指纹图谱相似度的贡献，与液相色谱指纹图谱互为补充，更加全面地反映板蓝根药材的质量。

3. 有效成分含量测定

评价中药品质优劣的主要依据是有效成分、浸出物、挥发油的含量。单一指标成分的定性、定量分析不能切实地、全面地反映中药临床功效，致使质量标准化研究进展缓慢，严重制约着我国中药产品的开发和质量水平的提高；因此，非常有必要对中药进行多指标的质量评价。以下是板蓝根中有效成分的含量测定方法。

（1）靛蓝、靛玉红　董娟娥等比较分析了HPLC法、薄层扫描法和双波长分光光度法测定板蓝根中靛蓝和靛玉红的含量。结果表明HPLC法测定靛蓝、靛玉红含量效果优于其他方法；薄层扫描法不适宜于板蓝根中靛蓝、靛玉红含量的测定；双波长分光光度法由于无法排除提取液中其他成分的干扰，测定结果偏高。另据报道，以靛蓝、靛玉红为指标性成分，采用HPLC法对不同生长环境（产地）的板蓝根有效成分进行测定。结果表明，不同产地的板蓝根中有效成分含量存在显著差异，菘蓝地道产区仍需进一步调查分析和确定。王燕桓等学者用反相高效液相色谱法测定板蓝根浸膏中靛蓝、靛玉红的含量。采用Lu-Na C18色谱柱（5μm，250mm×4.6mm），流动相为甲醇：水（70：30），用磷酸调节pH值为4.0；流速1.0ml·min^{-1}，检测波长285nm。结果表明：建立HPLC法能快速、准确、灵敏地测定板蓝根浸膏中靛蓝、靛玉红含量。马方等比较分析了薄层层析法测定相同生长环境下不同产地来源的板蓝根中靛玉红与靛蓝的相对含量。结果表明，不同的来源板蓝根中靛玉红、靛蓝的相对含量不同。该法可用于板蓝根药材的质量控制。殷金华等采用紫外分光光度法（UV）测定抗病毒口服液中板蓝根靛玉红的含量。结果表明，建立的方法操作简便，结果准确，可用于抗病毒口服液中板蓝根的质量控制。

（2）核苷类成分　肖平等建立高效毛细管电泳法（HPCE）同时测定不同批次板蓝根药材中表告依春、尿嘧啶、胸腺嘧啶、腺苷、次黄嘌呤、鸟苷、尿苷7种核苷类成分含量的方法。该方法采用未涂渍标准熔融石英毛细管（75μm×64.5cm，有效长度56cm）为分离通道，60mmol·L^{-1}硼砂-15mmol·L^{-1}β环糊精（pH值9.6）为运行缓冲液，分离电压为20kV，检测波长为254nm，毛细管温度为25℃，压力进样为5kPa×10s。结果表明，不同批次板蓝根药材中7种核苷类成分的含量有所差异。该方法简便、可靠、重复性较好，可用于板蓝根质量的评价和控制。肖珊珊等建立了中药材板蓝根中尿苷、鸟苷和腺苷的反相高效液相色谱含量测定方法。采用Agilent ZORBAX SB-C18分析柱（250mm×4.6mm，5μm），柱温25℃；检测波长为254nm；10mmol·L^{-1}磷酸二氢钠（1%磷酸调pH 2.9）-甲醇（3∶97）为流动相；流速0.8ml·min^{-1}。该方法简便、快速、准确，结果可靠。池絮影等采用超高效液相色谱（UPLC）法同时测定不同产地板蓝根药材中尿苷、鸟苷、（R，S）-告依春、腺苷的含量，其反相超高效液相色谱法为：色谱柱为Phenomenex Kinetex C18柱（4.6mm×100mm，2.6μm），流动相为甲醇（A）-水（B），梯度洗脱；流速为0.6ml/min；检测波长为254nm；柱温为30℃；进样量为2μl。结果表明，该方法简便、快捷、重复性好，可用于板蓝根药材的质量控制。肖慧等则采用Prevail C18（4.6mm×250mm，5μm）色谱柱；柱温25℃；检测波长254nm；流

动相为A（水）–B（乙腈）；梯度洗脱；0～34分钟（2%B～20%B）；流速为0.5ml·min⁻¹来测定板蓝根药材中尿苷、鸟苷、腺苷的含量；所建立的方法灵敏快速，操作简便，重现性好。徐小飞等学者为考察不同采收期板蓝根药材中核苷类及（R，S）–告依春含量的动态变化规律，建立了板蓝根5种核苷和（R，S）–告依春HPLC–DAD同步测定方法，以测定板蓝根药材中核苷类及（R，S）–告依春的含量。结果板蓝根药材中总核苷类成分成峰谷变化，（R，S）–告依春以8月初采集的药材含量最低，10月初采集的药材含量最高。该方法为板蓝根药材采收期的确定和质量评价提供了一定的科学依据。谢宗明等建立一种HPLC法测定板蓝根中腺苷的含量。色谱柱为大连依特公司Kromasil C18柱（4.6mm×250mm，5μm）；检测波长为260nm；柱温为30℃；流动相为甲醇–水（10:90）；流速为1.0ml·min⁻¹。该方法简便、快速，测定结果准确可靠。王钢力等测定板蓝根中腺苷采用Dikma Diamonsil C18色谱柱（200mm×4.6mm，5μm）；检测波长为260nm；柱温为室温；流动相为乙腈–水（5：95）；体积流量为1.0ml·min⁻¹。所建立的方法准确、可靠，可用于板蓝根颗粒及药材的质量控制。

（3）多糖　杨颜芳等采用超声辅助水提醇沉法提取板蓝根中的多糖，用苯酚–硫酸法测定多糖含量，并运用正交试验考察超声功率、超声时间、料液比、乙醇浓度等因素对提取率的影响，优选出最佳提取条件。结果表明，正交

试验中确定的超声辅助提取板蓝根多糖的最佳条件稳定可行，可用于板蓝根中多糖的提取及含量测定。郭怀忠等用毛细管区带电泳法（CZE）测定板蓝根多糖的单糖组成，以1-苯基-3-甲基-5-吡唑啉酮（PMP）为单糖的柱前衍生化试剂。板蓝根多糖最佳降解条件为1mol·L^{-1}硫酸溶液，在95℃恒温条件下降解5h。板蓝根多糖由木糖、葡萄糖、阿拉伯糖、鼠李糖、半乳糖、甘露糖等组成。该方法准确、可靠，可用于多糖组成成分的分析。李成义等利用建立的板蓝根中多糖含量测定方法，分析比较甘肃省内不同种植区域的板蓝根多糖含量差异。采用水提醇沉法提取板蓝根中多糖，利用苯酚-硫酸法测定板蓝根中多糖的含量。结果表明，该测定方法简单、准确、真实，可用于测定板蓝根中多糖含量。同时可用于不同产地板蓝根质量的比较。王莉等运用微波技术用水提醇沉法提取板蓝根多糖，用酚-硫酸比色法测定多糖含量。结果表明，运用微波技术可以从板蓝根中提取出多糖，反应速度大大加快，收率提高。郑水庆等测定二倍体的不同品系与四倍体板蓝根中多糖的含量，采用苯酚-浓硫酸反应后分光光度法测定多糖含量。结果表明，各板蓝根样品中均有一定量多糖，但二倍体的不同品系板蓝根之间差异较大。为综合利用板蓝根资源提供科学依据。刘志明等研究将板蓝根生药粉经石油醚脱脂，再用95%乙醇多次回流提取，最后用水提取多糖，采用苯酚-硫酸法测定提取液中的多糖含量，计算多糖摩尔质量分布。张斌等采用毛细管区带电泳法（CZE）对板蓝根的单糖组成进行了定

性和定量分析。为中药板蓝根多糖的质量控制标准提供了科学依据。黄小方等

以均匀设计对板蓝根多糖的提取工艺进行优化，结果表明板蓝根多糖提取的最

佳工艺条件为水提温度100℃、时间2.5小时和10倍的加水量，理论多糖得率在

13.8%～20.44%。结果所得最佳工艺合理可行，能为板蓝根多糖提取的工业化

生产与资源开发利用提供理论依据和工艺参考。在最佳提取工艺的基础上，进

一步对板蓝根多糖的分离制备工艺技术进行了研究。经醇提除杂和水提醇沉后

得到的板蓝根粗多糖（RIP I），以闪式提取方式进行充分复溶后，通过静置冷

析的方法将板蓝根粗多糖的成分分为冷水析出（RIP II）及冷水易溶（RIP III）

两组成分，并对RIP III组分进行了进一步的分离纯化。冷水易溶板蓝根多糖

RIP III进行脱蛋白时，采用闪式提取进行改良后较之传统Sevage法在脱蛋白的

效率上有很明显的提高。板蓝根粗多糖RIP III上DEAE层析柱，分别以不同浓度

的盐进行洗脱后分别得到RIP A、RIP B、RIP C、RIP D、RIP E及RIP F六个组

分。各个组分以中空纤维膜进行超滤除去小分子物质后分别以凝胶G100进行了

分离纯化。首次以HPGFC-ELSD对板蓝根多糖组分分子量进行测定，即采用高

效凝胶OHpad柱进行多糖组分的分析，以蒸发光散射检测器（ELSD）进行组

分的分子量测定。将标准分子量多糖及分离纯化后板蓝根多糖各组分分别进样

高效凝胶柱检测分子量；测定条件为OHpad柱（G2000SW，7.5mm×300mm）；

水为流动相，流速$1.0ml\cdot min^{-1}$，温度25℃；测得标准分子量多糖的线性关系为

$\lg M_w = -0.5788RT + 8.53572$，$r = -0.9969$，$M_w$线性范围5900～404000。多糖组分样品进行检测表明：RIP A1含有分子量为314889的多糖成分；RIP A2含有分子量为222970、215664和165203的多糖成分；RIP B1含有分子量为566771、512859和311134的多糖成分；RIP C1含有分子量为252057、220606、336251和55682的多糖成分；RIP D1含有分子量为252057、220606、336251和55682的多糖成分；RIP E1含有分子量为272312的多糖成分；RIP F1含有分子量为321676的多糖成分。

（4）水杨酸　马莉等采用酸碱滴定法测定总有机酸含量，并用反相高效液相色谱法测定板蓝根提取物中水杨酸的含量。结果酸碱滴定法测得总有机酸含量为13.0%；HPLC测得提取物中水杨酸的含量为0.22%。表明该方法能有效控制板蓝根提取物的质量。孔维军等建立高效液相色谱法测定不同pH的板蓝根总酸部位中水杨酸的含量。该方法采用pH梯度萃取法制备不同pH的板蓝根总酸样品；并用高效液相色谱法，ODS-C18色谱柱（250mm×4.6mm，5μm），流动相为乙腈-0.2%磷酸水溶液系统，流速为1.0ml·min^{-1}，检测波长：236nm，线性梯度洗脱，测定不同总酸部位中水杨酸的含量。结果建立的该分析方法简便、准确、重现性好，可用于板蓝根不同pH的总酸部位中水杨酸含量的测定，也为评价板蓝根药材的质量提供科学依据。年四辉等建立HPLC测定板蓝根药材及其制剂中水杨酸、苯甲酸含量方法。具体方法为：以苯甲酸、水杨酸为对照品，用Lichrospher C18色谱柱（4.6mm×250mm，5.0μm），流动相甲醇–0.1%的磷酸溶液（42∶58），流速1ml·min^{-1}，检测波长230nm。结果该方法简便、准确、重复性好，可用于板蓝根药材及其制剂中苯甲酸、水杨酸的含量测定。测施峰等建立了板蓝根抗内毒素有效成分水杨酸的HPLC测定方法。测定条件是：色谱柱为Zorb–ax SB–C18（250mm×4.5mm，5μm）；柱温为30℃；检测波长为237nm；乙腈–0.1%磷酸水溶液（22∶8）为流动相；体积流量为1.0ml·min^{-1}。该方法简便、重现性好，为评价板蓝根药材的质量提供科学依据。王小雪等建立同时测定板蓝根药材中水杨酸、丁香酸、苯甲酸和邻氨基苯甲酸含量的高效毛细管电泳方法。方法采用重力进样，进样高度10cm，进样时间30秒，正极进样，负极柱上220nm检测。操作电压11.5kV，运行缓冲溶液为乙腈–硼砂（15%乙腈，25mmol·L^{-1}硼砂，15mmol·L^{-1} β–CD），pH值9.1。对电压、缓冲液pH、缓冲液浓度、乙腈、β–CD浓度等因素对分离的影响做了系统的研究。结果建立的高效毛细管电泳方法可用于水杨酸、丁香酸、苯甲酸和邻氨基苯甲酸的含量测定。李霞等采用毛细管区带电泳法测定板蓝根中邻氨基苯甲酸、苯甲酸、水杨酸与丁香酸的含量。方法用含有15mmol·L^{-1}的β–环糊精的硼砂缓冲液（50mmol·L^{-1}，pH值10.5）–甲醇20∶5作为电泳缓冲液分离，以肉桂酸为内标，202nm为测定波长，运行电压20kV，柱温25℃。结果表明该方法快速、高效、简便，结果准确可靠，可用于邻氨基苯甲酸、苯甲酸、水杨酸与丁香酸的

分离及含量测定。

（5）生物碱 安益强等利用HPLC-DAD测定板蓝根药材及其制剂中表告依春（epigoitrin）和2,4（1H,3H）喹唑二酮的含量。色谱柱为ZORBAX SB-C18（4.6mm×250mm，5μm）；检测波长为224nm；柱温为30℃；流动相为乙腈-（0.1%磷酸+0.03%三乙胺）水溶液=12∶88；流速为0.7ml·min^{-1}。本方法可用于板蓝根药材及其制剂的质量控制。黄润芸等以溶剂萃取酸性染料比色法测定板蓝根总生物碱含量，以4（3H）-喹唑啉为对照品，检测波长417.5nm。结果表明，所建立的总生物碱含量测定方法准确性较好、灵敏度高、重现性好，可用于板蓝根总生物碱的质量控制。王钢力等建立板蓝根颗粒及药材中（R，S）-告依春的测定方法。色谱柱为Dikma Diamonsil C18（200mm×4.6mm，5μm）；柱温为室温；检测波长为245nm；流动相：乙腈-水-三乙胺（10∶90∶0.2，用冰醋酸调pH值至5.2）；体积流量：0.8ml·min^{-1}；所建立的方法准确、可靠。李进等优选微波法提取板蓝根中生物碱活性部位。方法采用正交试验法对微波辐射功率、提取时间、料液比、浸泡时间4个参数进行筛选，总生物碱含量与表告依春含量作为筛选的指标，分别以酸碱返滴法、HPLC法测定含量。结果表明，建立的微波法提取板蓝根中生物碱活性部位方法快速高效、方便节能，值得推广应用。

4．挥发油

徐红颖等建立以气相色谱–质谱联用技术（GC/MS）分析鉴定板蓝根中挥发油成分的方法。采用水蒸气蒸馏法提取挥发油，共鉴定出19个化合物，占总量的90.51%，其中含量最高的是棕榈酸（十六酸），约占总量的38.52%。本试验为板蓝根的综合利用提供了初步的试验数据。

5．氨基酸

吴家红等采用分光光度法测定板蓝根药材中总氨基酸的含量。测定波长在570nm，显色剂为茚三酮。该方法简便易行，可用于板蓝根药材测定的质量控制。任国萍等采用2，4–二硝基氟苯柱前衍生法及微波水解–柱前衍生法测定板蓝根药材中10种游离氨基酸和水解氨基酸的含量，再通过水解氨基酸与游离氨基酸的差值计算出结合氨基酸的含量。色谱柱为Inertsil ODS–3柱（250mm×4.6mm，5μm）；流动相A为0.03mol·L^{-1}乙酸钠缓冲液（pH值6.4，含0.15%三乙胺），流动相B为乙腈，梯度洗脱；检测波长为360nm；柱温为27℃；流速为0.6ml·min^{-1}。结果表明，建立的方法适合用于板蓝根药材中精氨酸、脯氨酸、谷氨酸、组氨酸、天门冬氨酸等10种氨基酸的游离氨基酸和结合氨基酸的含量测定。该方法简便、快速、准确，可用于板蓝根的氨基酸质量控制。刘西京等建立板蓝根中4个主要氨基酸苏氨酸、脯氨酸、精氨酸、缬氨酸的RP–HPLC柱前衍生化法，研究板蓝根氨基酸含量变化。该方法采用2，4–二硝基氟

苯柱前衍生化，使用Eclipse XDB C18反相色谱柱（250mm×4.6mm，5μm）分离，以0.014mol·L^{-1}磷酸盐缓冲液（pH值8.2）与乙腈-水溶液（1：1）为流动相梯度洗脱，测定板蓝根水提液、人工胃液、人工肠液和酸水解液中的氨基酸含量。结果，建立的方法操作简单、重复性好、准确可靠，可用于板蓝根氨基酸含量的测定。刘丽敏等以板蓝根药材、颗粒为研究对象，以70%乙醇回流提取或分次溶解后，通过SA-2阳离子树脂消除氨基酸干扰后采用直接电位滴定法测定总有机酸的含量。结果表明，该法可作为板蓝根中总有机酸质量控制方法之一。陈凯等采用比色法，精氨酸为对照，检测波长568nm，改进测定板蓝根中总氨基酸含量的方法。结果比色法稳定可行，结果准确，专属性好，可用于测定板蓝根中总氨基酸含量。何轶等采用柱前衍生法测定板蓝根中5种游离氨基酸含量。方法采用异硫氰酸苯酯柱前衍生，高效液相色谱法测定了板蓝根中精氨酸、苏氨酸、丙氨酸、脯氨酸和缬氨酸的含量。色谱柱：Phenomenex ODS 3（5μm，250mm×4.6mm）；流动相A：醋酸钠缓冲溶液-乙腈（370：28），流动相B：乙腈-水（4：1），流速1ml·min^{-1}，流动相A与B比例，0min为100：0；18.00min为91：9；18.01min为80：20；40.00min为67：33；40.01min为0：100，保持5.00min。柱温43℃，测定波长254nm；结果显示，建立的方法不需要专门的氨基酸分析仪，操作简便，灵敏度高，结果准确可靠。彭怀东等建立了微流控制芯片毛细管电泳激光诱导荧光检测法测定板蓝根药材和颗粒剂中主要游离氨基酸的含量。方法为在高电压条件下利用芯片毛细管电泳对各组分快速、高效的分离，采用激光诱导荧光检测器进行检测，对各衍生条件和电泳条件进行了优化。结果：建立的方法简单、快速，线性范围广，重现性好，可用于板蓝根及其制剂中游离氨基酸的含量测定。

6. 浸出物

许永全等对微波法提取板蓝根浸出物进行研究，以板蓝根得膏率为考察指标，对影响过程的参数进行单因素考察，并与《中国药典》的方法比较。单因素考察优化的提取工艺为45%乙醇∶液料=20∶1，物料粒度60目，微波功率300w，辐射时间2.5分钟。微波法提取比《中国药典》方法节省提取时间，而且效果较好。

7. 安全性鉴定方法

中药安全性包括两方面内容，一是以毒理学实验方法研究中药的毒性问题，二是以理化实验方法研究中药毒性问题。而大多数药材主要涉及第二类问题，即对植物自身次生代谢的内源性有毒成分进行限量控制和对药材生产、加工、贮藏中可能造成的有毒有害污染等外源性毒性成分进行限量控制。内源性毒性成分包括生物碱类、苷类、毒蛋白类、萜类与内酯类、蒽醌类及重金属类等，外源性毒性成分包括重金属及砷盐、农药残留、硫化物、微生物及其毒代谢产物（主要是黄曲霉毒素）。尤其是中药材中的重金属污染及农药残留，已

成为中药进入国际草药市场的主要障碍，也成为中药材发展的瓶颈。对中药材重金属含量及农药残留检测并控制其限量，已经引起了人们的高度重视。

（1）二氧化硫的检查　杨瑞瑞等采用离子色谱法测定板蓝根中二氧化硫残留量的含量。样品经水蒸气蒸馏，再用3%过氯化氢（双氧水）氧化吸收，进DIONEX ICS–1100型离子色谱仪分析，分析条件是AS–11—HC阴离子色谱柱，20mmol/L氢氧化钾溶液为淋洗液，流速为1ml/min，进样量是25μl。该方法精密度、准确度较高，重复性良好。刘香南等对13批板蓝根样品进行了重金属残留的考察：对样品中（铅、砷、汞、铜、镉、铬、镍和锑）八种有害元素的检测，发现铅、砷、镉、汞和铜的检出率很高。严重影响了药材的质量。

（2）砷含量　胡娟等采用硝酸–盐酸–氢氟酸消解体系的微波消解方法，将中药材中的重金属解离出来，运用双道原子荧光分析法，测定板蓝根中砷的含量。徐琦玲等则将样品进行HNO_3–H_2SO_4消解，采用分光光度法测定中药材板蓝根中砷含量。

（3）铜离子　张梦龙考察了在磷酸介质、恒温水浴95℃中，双子表面活性剂16–0–16和3种普通表面活性剂对催化动力学分光光度法测定铜（Ⅱ）的增敏作用，建立了在双子表面活性剂16016存在下测定痕量铜的新方法。

（4）痕量汞　胡娟等采用硝酸–氢氟酸–过氧化氢体系微波消解–冷原子荧光法测定南板蓝根中痕量汞。测定条件为：测定波长253.7nm，载气流量

1.5L·min⁻¹，负高压410V，进样量0.5L·min⁻¹，样品还原时间40s，屏蔽气流量0.1L·min⁻¹。该方法方便、快捷、准确。

（5）农药残留　高倩等采用超声波法提取，带电子捕获检测器的气相色谱仪检测板蓝根中的农药残留。提取溶剂为丙酮：二氯甲烷（2：1），硅胶柱净化，洗脱剂为石油醚：丙酮（4：6）。该方法的定量检出限（LOQ）在0.4~8.2μg·kg⁻¹范围，最低检出限（LOD）在0.1~2.5μg·kg⁻¹范围。该方法快速、简便、价廉。汤锋等研究了板蓝根中3种拟除虫菊酯杀虫剂残留分析方法。以石油醚为萃取溶剂，分别用索氏抽提法、浸渍振荡法、超声波法提取。提取液经100ml丙酮：0.05mol·L⁻¹氯化钙溶液（1：1）液-液分配净化后，以弗罗里硅土柱净化，5%乙酸乙酯-石油醚淋洗，气相色谱法电子捕获检测器测定。结果表明，3种提取方法可用于板蓝根农药残留量的分析。杨璐等建立基质分散固相萃取-高效液相测定板蓝根中药饮片中多菌灵残留的分析方法。样品经甲醇（含1%HAc，*v/v*）、氯化钠提取，用无水硫酸镁、PSA净化。使用C18柱（岛津VP-ODS 150mm×4.6mm，5μm），流动相为甲醇：50mmol·L⁻¹ NaH₂PO₄（NaOH调节pH值至6.0）=30：70，流速1.0ml·min⁻¹，检测波长284nm。结果，该方法快速、简便、准确灵敏，能够满足板蓝根中药饮片中多菌灵农残的检测要求。

8．生物鉴定方法

生物鉴定法是指利用中药或所含的化学组分对生物体（整体动物、离体组

织、微生物和细胞等）所起的特定生物效应（药效、活力或毒力），运用特定的实验设计与对比检定的方法或其他方法来进行各种反应、试验、检查，最终评价或评定中药的有效性和安全性的一门综合性实验技术方法。生物鉴定的目的是评价中药作用机体的活性、作用强度及毒性，研究作用机制及其药效物质基础，是从药效学角度来对中药进行品质鉴定。生物鉴定方法直接反映中药对生物体所产生的生物效应。由于它克服了通过形态学和化学鉴定方法难以直接表征中药多组分、多靶点协同作用的特点，所以此方法将是一个有发展潜力的中药品质的鉴定方法。该方法主要包括生物效价鉴定法、细胞生物学鉴定法、免疫鉴定法、电泳鉴定法等。该方法可用于中药品种鉴定、质量控制、新药源寻找与利用，以及确定毒效关系等方面。板蓝根药材生物鉴定方法主要包括以下方面。

（1）板蓝根抗病毒活性生物测定方法　李寒冰等建立板蓝根抗病毒活性生物测定方法，分别采用红细胞凝集活性检测法和流感病毒神经氨酸酶（NA）活性检测法，并对所建立的两种方法进行对比分析与优选。在安全性、经济性、实用性等方面凝集活性检测法优势明显，可作为板蓝根质量生物测定的优选方法。陈素珍等探讨板蓝根提取液抗病毒活性的体外生物评价方法。该方法分别采用2种红细胞凝集检测法和流感病毒神经氨酸酶活性检测方法，建立板蓝根提取液抗病毒活性的生物测定方法。结果，所建立的板蓝根提取液抗病毒活性的体外生物评价方法可用于其类抗病毒中药的生物活性评价。魏丽等建立板蓝根抗菌效价生物测定的方法，为探索建立基于抗菌效价检测的板蓝根品质评价方法提供技术支持。该方法以管碟法的抑菌圈直径的大小为指标，通过单因素考察菌浓度、培养时间、细菌传代数对板蓝根抗菌效价的影响，选择适宜条件建立板蓝根抗菌效价的测定方法，并采用该方法测定不同来源板蓝根药材的抗菌效价。研究表明：该方法重复性、碟内精密度、碟间精密度均较好（RSD<5%），检测可信限率小于30%，符合生物效价检测的要求。所建立的抗菌效价评价方法可以对不同产地来源的板蓝根药材的品质加以区分，可用于板蓝根的品质评价和质量控制。

（2）红细胞凝集反应过程的微量量热检测方法　　马莉等采用微量量热法，测定不同产地板蓝根作用于大肠埃希菌的热谱曲线，以生物热力学参数为指标评价其活性的强弱。不同产地板蓝根的生长热力学参数呈现规律性波动，第一指数生长速率（k_1）可客观地评价板蓝根品质。任永申等建立了红细胞凝集反应过程的微量量热检测方法，并用于评价不同产地板蓝根的活性差异。采用微量量热法，检测阳性参照物（植物凝集素，PHA）及8批不同产地板蓝根对20%家兔血红细胞凝集反应过程，记录凝集反应热动力学曲线，提取反应动力学参数，计算凝集效价，对结果进行主成分分析和聚类分析，并以微量板法对结果进行验证。结果表明，所建立的板蓝根血红细胞凝集反应的微量量热检

测方法灵敏可靠，可作为凝集反应定量在线检测手段，并为板蓝根及其他具凝集活性类中药的品质评价提供新的技术参考。

（3）生物热力学方法　生物热力学方法可作为评价板蓝根药材品质的方法之一。任永申等建立红细胞凝集反应过程的微量量热检测方法用于评价板蓝根的活性差异。采用微量量热法，根据检测阳性参照物（植物凝集素，PHA）及不同产地板蓝根对20%家兔血红细胞凝集反应过程，记录凝集反应热动力学曲线，提取反应动力学参数，计算凝集效价，对结果进行分析和验证。效价值和凝集反应曲线具有较好的特征性和产地专属性，能为板蓝根质量评价提供较为全面的信息。孔维军等从生物热力学角度出发，筛选板蓝根药材的提取方法和活性部位。方法以大肠埃希菌为试验对象，采用微量量热法，筛选板蓝根药材最佳的提取方法和抑菌最强的活性部位，并求出活性最强部位的最小抑菌浓度（MIC）。结果，不同提取方法的板蓝根水煎液皆能促进大肠埃希菌的生长。冯少华等基于生物热力学表达的板蓝根药效物质筛选和品质评价的研究结果表明，初步应用生物热力学方法阐明了不同产地板蓝根的品质差异，并初筛了生物热活性差异的物质基础，基于热力学表达的板蓝根药效物质筛选和品质评价方法具有实时、在线、灵敏、准确、高效、普适性好等特点，该方法为中药的科学研究和中药现代化提供了一个新的视角和技术平台。该方法可望在中医治法治则、中药配伍规律及整合作用等基础研究和新药开发中发挥独到的作用。

马莉等采用微量量热法测定不同产地板蓝根作用于大肠埃希菌的热谱曲线，以生物热力学参数为指标评价其活性的强弱。结果表明，生物热力学方法可作为评价板蓝根药材品质的方法之一。赵艳玲等采用金黄色葡萄球菌为试验对象，以生物热力学方法观察板蓝根不同提取部位的抗菌作用，辅以常规琼脂二倍稀释法进行药效学验证。根据生物热动力学的热谱图，通过热动力学参数比较板蓝根不同提取部位的抗菌作用。结果表明，板蓝根抗菌作用并不局限于一个部位，它是通过多种有效成分、多环节、多途径来发挥协同作用而表现出抗菌功效。

（4）板蓝根抗病毒生物效价荧光检测方法　为了建立与抗病毒药效相关的板蓝根质量控制和评价方法，李寒冰等采用化学荧光测定法，考察了板蓝根提取物对流感病毒神经氨酸酶（NA）的体外抑制活性，分析了其药理作用的量效曲线变化趋势和作用规律。他们在此基础上建立的板蓝根抗病毒生物效价荧光检测方法，能够体现中药药效的特点。

（5）板蓝根投影寻踪模型评价方法　赵泽军等利用投影寻踪模型对不同生态型板蓝根药材的质量进行评价。该方法以甘肃产11份不同生态型板蓝根药材为评价样本，以板蓝根中所含表告依春、尿苷、鸟苷、腺苷、苯甲酸、水杨酸、靛蓝、靛玉红、醇溶性浸出物含量为评价指标，结合DPS V 9.50统计软件构建投影寻踪模型，对药材质量进行评价。结果，建立的方法可用于不同生态

型板蓝根药材质量的评价。

（6）板蓝根荧光成像法评价方法　何青等采用了一种安装液晶滤波器件的荧光光谱成像实验装置对板蓝根样品的荧光光谱特性进行测试，以中国食品药品检定研究院提供的板蓝根标准物质的光谱曲线作为对照品，通过获得不同原材料、不同厂家和不同批次的板蓝根颗粒的荧光特征光谱曲线，并对其进行归一化处理后，与对照品的荧光光谱特征曲线进行对比分析及聚类分析，从整体上探讨了荧光光谱特征曲线与板蓝根颗粒质量的关系。实验结果显示，采用荧光光谱成像的方法对板蓝根质量进行检测是一种简便、快捷、无损的检测手段，可用于判断板蓝根颗粒质量的优劣。

第6章

板蓝根现代研究与应用

一、化学成分

近年来对板蓝根的研究较多，特别是对板蓝根化学成分的研究，从板蓝根中分离得到的化学成分主要有以下几类：生物碱类、黄酮类、木脂素类、有机酸类、酮类、芥子苷类、氨基酸类、含硫类、甾醇类、微量元素类。现分别叙述如下。

（一）生物碱

1. 吲哚类生物碱

目前从板蓝根中分离得到的吲哚类生物碱大部分都含有酮基，也有成苷存在的，有些含有两个母核。在这些化合物中取代基主要有3种，大多为醛基、乙腈基或酮基，2位、5位羟基取代，1位氮原子上大多为甲氧基取代，其化合物见表6-1。

表6-1　吲哚类生物碱化合物

编号	中文名	英文名	分子式	分子量
1	1-甲氧基-3吲哚醛	1-methoxy-3-indolecar-baldehyde	$C_{10}H_9NO_2$	175
2	1-甲氧基-3吲哚腈	1-methoxy-3-indoleacetonitrile	$C_{11}H_{10}N_2O$	186
3	3-醛基吲哚	3-formyl-indole	$C_9H_9NO_2$	145
4	2，5-二羟基吲哚	2，5-dihydroxy-indole	$C_8H_7NO_2$	149
5	靛玉红	inderubin	$C_{10}H_9NO_2$	175

86

续表

编号	中文名	英文名	分子式	分子量
6	3-乙酸基吲哚	3-acetoxy acetic indole	$C_{16}H_{10}N_2O_2$	262
7	羟基靛玉红	hydroxyindirubin	$C_{16}H_{10}N_2O_3$	278
8	靛红	isatin	$C_8H_5NO_2$	147
9	靛蓝	indigotin	$C_{16}H_{10}N_2O_2$	262
10	靛苷	indican	$C_{14}H_{17}NO_6$	295
11	青黛酮	qingdainone	$C_{23}H_{13}N_3O_2$	363
12	E-2-［（3'-吲哚）腈基亚甲］-3-吲哚酮	（E）-2-［（3-indole）cyanomerhylene-］-3-indolinone	$C_{18}H_{11}N_3O$	363
13	2,3-二氢-4-羟基-2-氧-吲哚-3-乙腈	2,3-dihydro-4-hydroxy-2-oxo-indole-3-acetonitrile	$C_{10}H_8N_2O_2$	188
14	吲哚-3-乙腈-6-β-D-葡糖苷	indole-3-acetonitrile-6-o-β-D-glucopyranoside	$C_{16}H_{18}N_2O_6$	334
15	5-羟基-2-吲哚酮	5-hydroxyin-indolinone	$C_8H_7NO_2$	149
16	（E）-3-（3',5'-二甲氧基-4'-（羟基苯亚甲基）-2-吲哚酮	（E）-3-（3',5'-dimethoxy-4-hydroxyb-enzylidene）-2-indolinone	$C_{17}H_{16}NO_4$	298
17	依靛蓝酮	isaindigodione	$C_{18}H_{18}N_2O_4$	326
18	E-二甲氧苄吲哚酮	E-3-（3',5'-dimethoxy-4'-hydroxy-benzylidene）-2-indolinone	$C_{17}H_{15}NO_4$	297
19	3-甲酰吲哚	3-methyl-formylindole	$C_{10}H_7O$	145

2. 喹唑酮和哇啉类生物碱

目前从板蓝根中已分离鉴定的喹唑酮和哇啉类生物碱化学成分可见表6-2所示。

表6-2 喹唑酮和哇啉类生物碱化合物

编号	中文名	英文名	分子式	分子量
1	3-（2′羟甲基）-4（3H）-喹唑酮	3-（hydroxyphenyl）-4（3H）-quinazolinone	$C_{14}H_{10}N_2O_2$	238
2	4（3H）-喹唑酮	4（3H）-quinazolinone	$C_8H_6N_2O$	146
3	2，4，（1H，3H）-喹唑二酮	2，4，（1H，3H）-quinazolinone	$C_8H_6N_2O_2$	162
4	—	iaindigotone	$C_{20}H_{18}N_2O_4$	350
5	3-羧基苯基喹唑酮	3-（2′-carboxyphenyl）-4（3H）-quinazolinone	$C_{15}H_{12}N_2O_3$	268
6	去氧鸭嘴花酮碱	deoxyvasicinone	$C_{11}H_{10}N_2O$	186
7	色胺酮/板蓝根二酮B	tryptanthrin	$C_{13}H_8N_2O_2$	224
8	板蓝根甲素	isatan A	$C_{22}H_{27}NO_6$	401
9	依靛蓝双酮	Isaindigotidione	$C_{23}H_{22}N_2O_5$	406
10	10H-吲哚［3，2-b］喹啉	10H-indole［3，2-b］quinoline	$C_{15}H_{10}N_2$	218

（二）黄酮类、酮类和香豆素类

目前从板蓝根中已分离鉴定的黄酮类、酮类和香豆素类化合物的化学成分可见表6-3所示。

表6-3 黄酮类、酮类和香豆素类化合物

编号	中文名	英文名	分子式	分子量
1	甘草素	liquiritiqenin	$C_{15}H_{12}O_4$	256
2	异甘草素	isoliquiritiqenin	$C_{15}H_{12}O_4$	256
3	异牡荆素	isovitexin	$C_{21}H_{20}O_{10}$	432

续表

编号	中文名	英文名	分子式	分子量
4	7-O-β-D-吡喃葡糖香叶素	7—O—β—D—glucopyranosy-ldiosmetin	$C_{22}H_{22}N_2O_{11}$	462
5	新橙皮苷	neohesperidin	$C_{28}H_{34}O_{15}$	610
6	羊齿泽兰素	eupatorin	$C_{18}H_{16}O_7$	344
7	蒙花苷/里哪苷	linarin	$C_{28}H_{32}O_{14}$	592
8	大黄素	emodin	$C_{15}H_{10}O_5$	270
9	大黄素-8-O-β-D糖苷	emodin8—O—β—D—gluciside	$C_{21}H_{20}O_{10}$	432
10	甜橙素	sinensetin	$C_{20}H_{20}O_7$	372
11	板蓝根异香豆素A	indigotiisoconmarin A	$C_{14}H_{11}NO_4$	257
12	皂草苷	saponarin	$C_{27}H_{42}NO_3$	594
13	异金雀花素-7-O-吡喃葡萄糖苷	isoscoparin-7-O-glucopyranoside	$C_{28}H_{32}O_{16}$	624
14	异牡荆素-6'-O-吡喃葡萄糖苷	isovitexin-6'-O-glucopyranoside	$C_{27}H_{30}O_{15}$	594
15	异金雀花素-6'-O-吡喃葡萄糖苷	isoscoparin-6'-O-glucopyranoside	$C_{28}H_{32}O_{16}$	624
16	异金雀花素	isoscoparin	$C_{22}H_{22}O_{11}$	462

（三）甾醇类

目前从板蓝根中已分离鉴定的甾醇类、三萜类化合物的化学成分可见表6-4所示。

表6-4　甾醇类、三萜类化合物

编号	中文名	英文名	分子式	分子量
1	β-谷甾醇	β-sitosterol	$C_{29}H_{50}O$	414

续表

编号	中文名	英文名	分子式	分子量
2	扶桑甾醇	rosasterol	$C_{29}H_{50}O$	414
3	豆甾醇	Stigmasterol	$C_{29}H_{48}O$	412
4	豆甾醇-5，22-二烯-3β，7β-二醇	stigmasta-5，22-diene-3β，7β-diol	$C_{29}H_{48}O_2$	428
5	豆甾醇-5，22-二烯-3β，7α-二醇	stigmasta-5，22-diene-3β，7α-diol	$C_{29}H_{48}O_2$	428
6	胆甾醇	cholesterol	$C_{27}H_{46}O$	386
7	（24R）-乙基-3β，5α，6β-三羟基胆甾烷	（24R）-ethyl-3β，5α，6β-trihydroxycholan	$C_{29}H_{52}O_3$	448
8	3β，6α-二羟基豆甾烷	3β，6α-dihydroxy stigmastane	$C_{29}H_{52}O_2$	432
9	β-谷甾醇十二烷酸酯	β-sitosterol dodecantate	$C_{41}H_{72}O_2$	596
10	胡萝卜苷	dancosterol	$C_{35}H_{60}O_6$	576
11	远志醇	polygalitol	$C_6H_{12}O_5$	164
12	γ-谷甾醇	γ-sitosterol	$C_{29}H_{50}O$	414
13	羽扇豆醇	lupeol	$C_{30}H_{50}O$	426
14	白桦脂醇	betulin	$C_{30}H_{50}O_2$	442
15	羽扇酮	lupketone	$C_{30}H_{48}O_9$	424

（四）木脂素类

目前从板蓝根中已分离鉴定的木脂素类化学成分可见表6-5所示。

表6-5 木脂素类化合物

编号	中文名	英文名	分子式	分子量
1	落叶松树脂醇	lariciresinol	$C_{20}H_{24}O_6$	360

续表

编号	中文名	英文名	分子式	分子量
2	（＋）-异落叶松树脂醇	（＋）-isolarciresinol	$C_{20}H_{24}O_6$	360
3	落叶松树脂醇-4-O-β-D-吡喃葡萄糖苷/板蓝根木脂素苷A	larciresinol-4-O-β-D-glucopyranoside/indigoticoside A	$C_{26}H_{34}O_{11}$	522
4	落叶松树脂醇-4，4′-二-O-β-D-吡喃型葡萄糖苷	Lariciresinol-4，4′-bis-O-ß-D-glucopyranoside	$C_{32}H_{44}O_{16}$	684
5	落叶松树脂醇-4′-二-O-β-D-吡喃型葡萄糖苷	larciresinol-4′-bis-O-ß-D-glucopyranoside	$C_{26}H_{34}O_{11}$	522
6	落叶松树脂醇-9-二-O-β-D-吡喃型葡萄糖苷	larciresinol-9-bis-O-ß-D-glucopyranoside	$C_{26}H_{34}O_{11}$	522

（五）有机酸和核苷类

目前从板蓝根中已分离鉴定的有机酸和核苷类化学成分可见表6-6所示。

表6-6　有机酸、核苷类化合物

编号	中文名	英文名	分子式	分子量
1	吡啶3-羧酸	3-pyridinecarboxylic acid	$C_6H_5NO_2$	123
2	顺丁烯二酸	maleic acid	$C_4H_4O_4$	116
3	2-羟基-1，4-苯二甲酸	2-hydroxy-1，4-benzenedicarboxylic acid	$C_8H_6O_5$	182
4	5-羟甲基糠酸	5-hydroxylmethyl furoicacid	$C_6H_6O_4$	142
5	苯甲酸	benzoic acid	$C_7H_6O_2$	122
6	水杨酸	salicylic acid	$C_7H_6O_3$	138
7	丁香酸	syringic acid	$C_9H_{10}O_5$	198
8	邻氨基苯甲酸	2-amino benzoic acid	$C_7H_7NO_2$	137
9	棕榈酸	palmitic acid	$C_{16}H_{32}O_2$	256
10	芥酸	erueic acid	$C_{22}H_{42}O_2$	338

续表

编号	中文名	英文名	分子式	分子量
11	琥珀酸	succinic acid	$C_4H_6O_4$	118
12	十七烷酸	heptadecanoic acid	$C_{17}H_{34}O_2$	270
13	癸二酸	sebacic acid	$C_{10}H_{18}O_4$	202
14	硬脂酸	stearic acid	$C_{18}H_{36}O_2$	284
15	丙二酸	propanedioic acid	$C_3H_4O_4$	104
16	2-氨基-4-喹啉羧酸	2-amino-quinoline-4-carboxylic acid	$C_{10}H_8N_2O_2$	188
17	3-噻吩甲酸	3-thiophene carboxylic acid	$C_5H_4O_2S$	128
18	N-醛基氨基苯甲酸	N-formyl anthranilic acid	$C_8H_7NO_3$	165
19	亚麻酸	linolenic acid	$C_{18}H_{30}O_2$	278
20	苹果酸	malic acid	$C_4H_6O_5$	134
21	腺苷	adenosine	$C_{10}H_{13}N_5O_4$	267
22	尿苷	uridine	$C_9H_{12}N_2O_6$	244
23	次黄嘌呤	hypoxanthine	$C_5H_4N_4O$	136
24	尿嘧啶	uracil	$C_4H_4N_2O_2$	112
25	鸟嘌呤	gnanine	$C_5H_5N_5O$	151
26	胞苷	cytidine	$C_9H_{13}N_3O_5$	243

（六）芥子苷类和含硫类

目前从板蓝根中已分离鉴定的芥子苷类和含硫类化学成分可见表6-7所示。

表6-7　芥子苷类和含硫化合物

编号	中文名	英文名	分子式	分子量
1	黑芥子苷	sinigrin	$C_{10}H_{16}KNO_9S_2$	397
2	葡萄糖芸薹素	glucibrassicin	$C_{16}H_{19}N_2O_9S_2$	447

续表

编号	中文名	英文名	分子式	分子量
3	新葡萄糖芸薹素	neoglucobrassicin	$C_{17}H_{21}N_2O_{10}S_2$	477
4	1-硫代-3-吲哚甲基芥子油苷	1-sulpho-3-indolylmethylgluo-sinolate	$C_{16}H_{19}N_2O_9S_3$	479
5	5-羟基-3-吲哚甲基芥子油苷	5-hydroxy-3-indolylmet hylgluosinolate	$C_{16}H_{19}N_2O_{10}S_2$	463
6	5-甲氧基-3-吲哚甲基芥子油苷	5- methoxy-3- indolylmet hylgluosinolate	$C_{17}H_{21}N_2O_{10}S_2$	477
7	表告依春/告依春	epigotitrin	C_5H_7KNOS	129
8	1-硫氰基-2-羟基-3-丁烯	1-thiocyano-2-hydroxy-3-butene	C_5H_7KNOS	129

（七）氨基酸类

目前从板蓝根中已分离鉴定的氨基酸有精氨酸、谷氨酸、酪氨酸、脯氨酸、缬氨酸、γ-氨基丁酸、亮氨酸、色氨酸、天门冬氨酸、苏氨酸、丝氨酸、甘氨酸、丙氨酸、异亮氨酸、苯丙氨酸、组氨酸、赖氨酸等。

（八）微量元素

板蓝根中有很多微量元素，如K^+、Ca^{2+}、Mg^{2+}、Zn^{2+}、Fe^{2+}、Cu^{2+}、Mn^{2+}、Co^{2+}、Ni^{3+}、Cd^{2+}和As^{3+}，其中Ca^{2+}、Mg^{2+}、Zn^{2+}、Fe^{2+}含量较为丰富。

（九）其他类

包括：焦脱镁叶绿a（pyrophaeophorbide a）、deoxyvasicinone、2，3-二氢-1H-吡咯并［2，1-C］［1，4］苯并二氮䓬-5，11（10H，11aH)-二酮、4（4'-

羟基-3′，5′-二甲氧基苯基）-3-丁烯-2-酮、多糖、脱氧鸭嘴花碱酮、高杜荆碱、嗜焦素。

二、药理作用

《本草纲目》记载：板蓝根主治"时气头痛，火热口疮，热病发斑，热毒下痢，喉痹、丹毒、黄疸、疟腮等"。现代药理实验证明：板蓝根具有抗炎、抗病毒、抗菌、抗内毒素、抗肿瘤、解热、抑制血小板聚集和增强免疫等作用。现总结如下。

（一）抗病毒作用

板蓝根有着较广谱的抗菌作用。有学者认为板蓝根抗病毒成分为糖蛋白和多糖，且分离出单一分子量的抗病毒多糖。研究结果还表明，板蓝根多糖除有直接抗病毒作用外，还可促进抗流感病毒IgG抗体的生成，可作为抗病毒疫苗的佐剂。我国学者也研究发现，板蓝根的抗病毒成分为其水提液中的凝集素成分，也有实验结果证实有效部位为结合氨基酸。现已证明具有抗病毒活性的成分或已从抗病毒活性部位分离的物质主要有：尿苷、腺苷、水杨酸、板蓝根组酸、糖蛋白、多糖、蔗糖、生物碱等。这些化合物分别属于有机酸类、核苷类、蛋白类、糖类、生物碱类等。由此可看出，板蓝根的抗病毒活性物质是多类化合物的组合，是多组分构成的一个完整的体系，协同发挥抗病毒作用。长

期以来板蓝根一直用于预防和治疗流感、流脑、肝炎、腮腺炎、丹毒、疱疹病毒、猪细小病毒、繁殖与呼吸综合征病毒等病证。近年来对于板蓝根抗病毒作用的研究可分为细胞水平、胚体水平以及动物机体三个方面。

1.　细胞水平研究

板蓝根在体外细胞水平上抗病毒作用的研究是目前关于板蓝根研究中最常见的。研究表明，板蓝根浓度在 $50g \cdot L^{-1}$ 时能完全抑制流感病毒亚甲1型、流感病毒亚甲3型、呼吸道合胞病毒、流行性腮腺炎病毒、单纯疱疹病毒（HSV–2）在细胞内的复制，对猪细小病毒以及猪繁殖与呼吸综合征病毒亦有较好的抑制和杀灭作用。这表明板蓝根在体外抗感染实验中有较广谱的抗病毒作用。

胡兴昌等对板蓝根凝聚素粗提液的抗流感病毒作用进行了研究。用丙酮脱脂提取板蓝根生药的凝集素，并分别测定各样品的血凝活性，用 $45.3mg \cdot ml^{-1}$ 的样品对流感病毒（A1/京防//97–53H1N1，A1/京防/262/95）进行了体外抑制试验。结果表明，板蓝根凝集素对流感病毒具有显著的直接杀灭作用和预防作用以及较好的治疗作用，而且得出抑制流感病毒的效果与板蓝根凝集素血凝活性的高低有关。以鸡胚法考察15个种质的板蓝根对甲型流感病毒的抑制作用，血凝滴度实验显示，板蓝根的水提醇沉液对病毒的直接作用、治疗作用、预防作用的有效率分别为100%、60%、70%。

另有研究表明，板蓝根对柯萨奇病毒有抑制作用。李玲等对板蓝根中

的两个新成分4（3H）–喹唑酮和2，4（1H，3H）喹唑二酮进行了药理试验，结果表明：4（3H）–喹唑酮浓度为0.2%时可抑制柯萨奇病毒，浓度在 $10^{-3}\sim10^{-5}$ mg·ml^{-1}，可显著促进脾细胞增殖及刀豆蛋白诱导的淋巴细胞增殖。张宸豪等利用组织细胞培养法研究了板蓝根水煎剂对柯萨奇病毒的抑制作用，抑制指数为2.75。利用柯萨奇B3病毒（CVB3）感染鼠心肌细胞，制成病毒性心肌炎模型，板蓝根（0.25～1.00mg·ml^{-1}）有一定的抗CVB3病毒及心肌细胞保护作用，可用于进一步的动物实验研究，为病毒性心肌炎的临床治疗提供了依据。

板蓝根对疱疹病毒也具有抑制作用，李闻文等将单纯疱疹病毒2型（HSV–2）吸附于Vero–6细胞和BGM细胞，并分别加入不同浓度板蓝根针剂培养，前者用间接免疫荧光检测病毒抗原荧光反应阴性，后者置显微镜下观察细胞病变，发现细胞生长正常；撤药后继续培养并按原法检测，结果均为阴性，说明板蓝根有杀灭疱疹病毒的作用。

王学斌等利用细胞病变抑制实验测定黄芪、板蓝根单独使用及1∶1联合使用在PK–15单层细胞上对猪细小病毒（PPV）的抑制作用。结果表明，板蓝根单独使用时在体外对PPV有明显的抑制作用，板蓝根、黄芪1∶1联合使用时对PPV的抑制作用显著增强，其对PPV的最小直接杀灭浓度提高为0.31mg·ml^{-1}，最小阻断浓度提高0.075mg·ml^{-1}。板蓝根在体外对猪繁殖与呼吸综合征病毒

同样有抑制作用，且阻断作用明显优于直接杀灭作用，最小直接杀灭浓度为

$0.195mg \cdot ml^{-1}$，而阻断浓度低至$0.097mg \cdot ml^{-1}$；与黄芪联合使用时，体外对猪繁

殖与呼吸综合征病毒的直接杀灭作用和阻断作用均会增强。胡梅等研究板蓝根

对猪繁殖与呼吸综合征病毒的体外作用也取得了相同结果。

人巨细胞病毒（HC–MV）是宫内感染造成胎儿畸形、死胎的重要原因，

同时也是免疫缺陷患者感染致死及器官移植失败的根源。孙广莲等采用MTT法

检测50%中药板蓝根煎剂抗巨细胞毒的效应，发现板蓝根煎剂在1：200稀释度

时即有显著的抗毒效应，是一种较为理想的抗人巨细胞病毒（HCMV）中药。

其抗病毒的作用机制可能与其所含的尿苷、尿嘧啶、次黄嘌呤等成分有关。板

蓝根煎剂与病毒混合存在于培养上清液中，其所含嘌呤嘧啶能干扰病毒DNA、

RNA的复制，从而抑制病毒增殖，起到保护细胞免受病毒损害的作用。

板蓝根对肝炎病毒也有显著的抑制作用。蒋锡源等采用酶联免疫吸附测定

（ELISA）法及放射免疫测定（RIA）法，对50种治疗肝炎中草药与制剂进行考

察，发现板蓝根及板蓝根注射液对乙型肝炎表面抗原（HBsAg）、乙型肝炎病

毒的抗原（HBeAg）、乙型肝炎病毒的核心抗原（HBcAg）及HBV–DNA有显

著的抑制作用，其程度与三氮唑核苷（$25g \cdot L^{-1}$）、聚肌胞（$0.5g \cdot L^{-1}$）相似。

2. 胚体水平研究

板蓝根对甲型流感病毒有明显的抑制作用。刘盛等采用鸡胚法将不同种质

的种子在相同环境中栽培，尽可能多地排除影响药材品质的因素。试验发现大多数种质的板蓝根和大青叶样品对甲型流感病毒A1京防86-1株有明显的拮抗作用，无论是同病毒直接作用，还是治疗和预防作用均有效，仅程度有所不同，而且直接作用普遍稍强于治疗和预防作用。陈白泉等也将制备的不同稀释度的板蓝根含片和板蓝根颗粒液与不同浓度的流感病毒（H3N3）液0.1ml分别接种鸡胚尿囊腔，35℃培养72小时，观察血球凝集试验，结果表明板蓝根含片和板蓝根颗粒对鸡胚内的流感病毒均有较强的抑制作用，而且作用随药物浓度的增加及病毒稀释倍数的增大而增强。

3. 动物机体研究

对动物机体直接进行病毒性疾病的研究需要大量的实验动物，费用较高而且试验时间也很长，干扰因素也较多。因此，关于板蓝根直接用于动物机体内抗病毒的研究报道不多。黄纯才等在小鼠育种期内对其投喂板蓝根和病毒灵控制鼠肝炎对小鼠的危害，结果发现该方法提高了小鼠的繁殖能力，也降低了小鼠群鼠肝炎阳性检出率，经过一年多的持续观察，小鼠质量和繁殖力始终保持稳定。另有实验对小鼠鼻腔滴入流感病毒亚甲型鼠肺适应株0.03ml（致小鼠80%～100%死亡的病毒量），接种病毒后经口给板蓝根10g·kg^{-1},6h后重复给药，连用9天，发现板蓝根对流感病毒感染的小鼠有较强的保护作用。

（二）抗内毒素作用

内毒素是由细菌产生的能引起恒温动物体温异常升高的致热物质。而板蓝根抗内毒素作用早在1982年就有文献报道。板蓝根注射液经鲎试验法、家兔热原检查法研究证明有抗大肠埃希菌内毒素作用，试剂与内毒素之间的凝集反应可被板蓝根注射液所抑制，证实其中确有抗内毒素活性物质存在。近期刘云海等提取分离并筛选出F022部位为抗内毒素活性部位，初步确认F02207成分为活性指标成分，并且证实F022部位对于内毒素诱生炎性介质（TNF–α，IL–6）有抑制作用。在显微镜下观察内毒素结构形态的变化也可以证明板蓝根的抗内毒素作用。随之吴晓云等研究发现，板蓝根中分离出的3–（2'–羟基苯基）–4（3H）–喹唑酮、4（3H）–喹唑酮、丁香酸、邻氨基苯甲酸、水杨酸、苯甲酸等化合物具有体外抗内毒素活性，丁香酸有半体内抗内毒素作用。其中，水杨酸（10μmol·L^{-1}）可显著抑制LPS诱导HL–60细胞释放IL–8，抑制率达82.67%。采用LPS预刺激、LP后刺激、LPS与板蓝根多糖同时刺激J744.a.1小鼠巨噬细胞株，分离核蛋白，定量分析NF–kB与DNA结合活性，发现板蓝根多糖在上述3种情况均可抑制LP5刺激引起的NF–kB与DNA结合活性的升高。随着急性感染性疾病的发病和发展过程中内毒素具有普遍的影响，众多学者对板蓝根的抗内毒素作用进行了深入的研究。许平等将板蓝根三氯甲烷提取物制备成板蓝根磷脂脂质体，以小鼠内毒素血症为模型，观察发现板蓝根磷脂对内毒素血症小鼠

巨噬细胞膜脂流动性有保护作用。汤杰等复制家兔内毒素性DIC模型，测定其血清中血清脂质过氧化物（LPO）含量及超氧化物歧化酶（SOD）活力，发现板蓝根可显著降低内毒素性DIC家兔血清LPO水平，提高其SOD的活力，从而拮抗内毒素的生物效应。

（三）抗菌作用

现代药理研究结果表明，板蓝根具有显著抗菌作用，其抗菌作用并不局限于一个部位，它是通过多种有效成分、多途径地发挥协同作用而表现出抗菌功效。郑汝等研究表明板蓝根能有效抑制金黄色葡萄球菌和大肠埃希菌，具有广谱抗菌作用。郑建玲等经药敏试验证实板蓝根各级提取物——总浸液、乙醇提取液、正丁醇萃取液对金黄色葡萄球菌均有较强的抑菌作用，对肠炎杆菌和大肠埃希菌的抑菌作用也较显著，并随逐级提取而抑菌活性亦逐级增强。韦媛媛等通过测定板蓝根提取物及林可霉素的抑菌圈直径和最小抑菌浓度，证实板蓝根提取物对林可霉素注射液体外抑制金黄色葡萄球菌、大肠埃希菌和枯草芽孢杆菌均具有增强作用。此外研究表明，板蓝根水浸液及其提取物对表皮葡萄球菌、八联球菌、伤寒杆菌、甲型链球菌、肺炎链球菌、流感杆菌、脑膜炎链球菌等也具有抑制作用。研究表明板蓝根的抑菌有效成分为色胺酮和一些化学结构尚未阐明的吲哚类衍生物。其中色胺酮对羊毛状小孢子菌、断发癣菌、石膏样小孢子菌、紫色癣菌、石膏样癣菌、红色癣菌、紫装表皮癣菌等7种皮肤病

真菌有较强的抑菌作用，其最低抑菌浓度为5μg·ml^{-1}。由此可见板蓝根具有广谱抗菌作用。

（四）抗炎作用

板蓝根70%乙醇提取液经实验证实有抗炎作用，表现在对二甲苯致小鼠耳肿胀、角叉菜胶致大鼠足跖肿、大鼠棉球肉芽组织增生及醋酸致小鼠毛细血管通透性增加的抑制作用。新近从板蓝根中分离出的依靛蓝双酮经实验证明有清除次黄嘌呤与黄嘌呤氧化酶系统产生的过氧化物、刺激嗜中性粒细胞、抑制5-脂氧化酶的活性和降低细胞分泌白三烯B$_4$水平的作用。在对板蓝根的抗氧自由基的活性进行研究时还发现极性较大的D流分较粗提取物对氧自由基的清除率更高；从流分D中分离得到的流分D$_1$、D$_2$在各浓度时对氧自由基的清除率都比流分D低，而极性较大的流分D$_3$、D$_4$、D$_5$对氧自由基的清除率与流分D相当，说明板蓝根高极性流分及其亚流分含有抗氧自由基的活性物质。卫琼玲等研究板蓝根对二甲苯所致小鼠耳肿胀和角叉菜胶所致的大鼠足跖肿的效应，结果板蓝根对二甲苯所致小鼠耳肿胀和角叉菜胶所致的大鼠足跖肿有明显的抑制作用，且可抑制大鼠棉球肉芽肿及降低醋酸引起的毛细血管通透性的增加。表明板蓝根提取液通过对急、慢性非特异性炎症模型及肉芽肿组织增生的抑制，而发挥抗炎作用。Wang等在筛选抗SARS中成药的药理实验中确证板蓝根能显著拮抗细菌、病毒引起的炎症反应。

（五）对免疫系统的作用

板蓝根在抗菌抗病毒的同时也能够增强动物机体的免疫功能。实验证明板蓝根多糖对特异性、非特异性免疫、体液免疫及细胞免疫均有一定促进作用。腹腔注射板蓝根多糖（ⅡP）50mg·kg^{-1}可显著促进小鼠免疫功能，如能明显增加正常小鼠脾重、白细胞总数及淋巴细胞数，对氢化可的松（HC）所致免疫功能抑制小鼠脾指数、白细胞总数和淋巴细胞数的降低有明显对抗作用；显著增强正常及环磷酰胺所致免疫抑制小鼠的迟发型过敏反应；增强正常小鼠外周血淋巴细胞ANAE阳性百分率，并明显对抗HC所致的免疫抑制作用；促进单核巨噬细胞系统功能;明显增强抗体形成细胞功能，增加小鼠静注碳粒廓清速率。张红英等以板蓝根多糖作为免疫增强剂联合猪繁殖与呼吸综合征灭活疫苗免疫仔猪，通过流式细胞仪检测猪外周血CD3$^+$、CD4$^+$、CD8$^+$细胞百分数，并用ELISA法检测猪血清中抗猪繁殖障碍与呼吸道综合征病毒抗体水平，证明板蓝根多糖能显著提高仔猪的CD3$^+$、CD8$^+$淋巴细胞的百分数和特异性抗体滴度，表明其能显著增强猪对常规灭活病毒疫苗的免疫应答能力。秦箐等研究板蓝根低极性流分的分离及其免疫活性时发现，从板蓝根二氯甲烷-甲醇（1：1）提取物中分离出的A、B、C、D、E 5个流分及其相应的亚流分对PMN化学发光有双向免疫活性，在低浓度时具有激活作用，在高浓度时具有抑制作用。提示有可能从板蓝根中获得免调节类药物。晋玉章等通过灌胃给药，考察板蓝根中

性、酸性、碱性和两性4个部位对小鼠碳粒廓清指数、迟发型超敏反应影响，证明了板蓝根酸性和碱性部位是调节免疫功能的活性部位。

（六）抗肿瘤作用

梁永红等采用MTT法测定板蓝根二酮B对人肝癌BEL-7402细胞及卵巢癌A2780细胞的抑制作用，集落形成实验观察药物的诱导分化作用，PCR-ELISA试剂盒测定细胞的端粒酶活性。结果显示：板蓝根二酮可抑制肝癌BEL-7402细胞及卵巢癌A 2780细胞的增殖，并具有诱导分化、降解低端粒酶活性的表达和逆转肿瘤细胞向正常细胞转化的能力。侯华新等采用MTT法研究板蓝根高级不饱和脂肪组酸有体外抗人肝癌BEL-7402细胞活性，结果经板蓝根高级不饱和脂肪组酸处理后的BEL-7402细胞生长速度明显减慢且软琼脂内集落形成率大大降低，并且降低BEL-7402细胞的锚泊非依赖性生长能力，使人肝癌BEL-7402细胞恶性特征消失，具有促进肿瘤细胞向正常细胞逆转的趋势，并可降低端粒酶活性的表达。并且还发现该酸可以致S180肉瘤的生长，延长H22腹水型肝癌小鼠的生命。因而板蓝根高级不饱和脂肪组酸具有诱导肿瘤细胞凋亡作用。应用板蓝根高级不饱和脂肪组酸对BEL-7402细胞处理后，在各个时间段端粒酶活性出现了明显的改变。细胞在生长增殖受到抑制同时，伴随有端粒酶活性的下降，从分子生物学角度说明，板蓝根高级不饱和脂肪组酸可能是一种端粒酶活性抑制剂。3CL-8细胞是小鼠受病毒感染后诱导机体产生的一种永久

性细胞分化反应细胞，致病性极强。用板蓝根注射液对小鼠白血病细胞体内外的杀伤作用进行研究，结果表明：在体外细胞培养时，50%板蓝根注射液对小鼠Friend病毒感染后诱导产生的3CL-8细胞有强大的杀伤作用，其最低作用剂量可达1：80；小鼠注射3CL-8细胞处皮下注射50%板蓝根0.2ml，1次/天，连续7天，对实体瘤有一定的治疗作用。板蓝根中的靛玉红对一般癌肿生长和扩散程度有明显的抑制作用，对肿瘤细胞生成有选择性抑制作用。有学者报道，靛玉红有抑制血液中嗜酸性粒细胞的作用，治疗慢性粒细胞性白血病有一定作用。实验结果证明：用电子显微镜观察到靛玉红治疗后的慢性粒细胞白血病患者，骨髓幼稚细胞出现"核溶"现象，提示靛玉红对肿瘤细胞生成具有一定的选择性抑制作用。此外，据报道靛玉红能增强动物的单核巨噬系统的吞噬能力。单核巨噬系统在机体免疫反应中起一定的作用，故靛玉红的抗癌作用可能也与提高机体免疫能力有关。因此，板蓝根具有抑制肿瘤活性能力，在临床抗肿瘤方面有潜在价值。

（七）解热作用

发热是温热病的主要症状。包翠屏等报道，板蓝根含片能降低伤寒、副伤寒三联菌苗所致家兔体温升高。林爱华等以细菌内毒素为致热剂，发现板蓝根F022部位对LPS所致兔发热模型亦有良好的解热作用。

（八）抑制血小板聚集

温热病发展至一定阶段常见血小板功能亢进、内外凝血系统激活、血液流变性改变等血瘀证表现。板蓝根对二磷腺苷（ADP）诱导的家兔血小板聚集有显著抑制作用，有效成分主要为尿苷、次黄嘌呤、尿嘧啶、水杨酸等。这些化合物对沟通中药的清热解毒药物与活血化瘀药物之间的联系起着某种积极的作用。

（九）抑制单胺氧化酶作用

日本学者Hamaue提出欧洲菘蓝中存在的靛红为单胺氧化酶的抑制剂，可增加小鼠尿及脑中的去甲肾上腺和5-羟色胺的浓度，小鼠喂食靛玉红2小时后的纹状体的乙酰胆碱和多巴胺的水平也显著增加。靛红可增加帕金森病的小鼠纹状体多巴胺水平。

（十）致突变作用

板蓝根应用于小鼠骨髓嗜多染红细胞微核试验和小鼠精子畸形实验。结果：板蓝根水煎液能明显诱发小鼠骨髓嗜多染红细胞微核和小鼠精子畸形，具有致突变作用。

三、应用

（一）板蓝根的临床应用

现代药理研究发现，板蓝根抗菌谱较广，对枯草杆菌、溶血性链球菌、白

喉杆菌、大肠埃希菌、伤寒杆菌等均有抑制作用，还能拮抗肝炎、乙脑、流感、腮腺炎等病毒，临床用途极广，现将有关文献综述如下。

1. 呼吸系统疾病

板蓝根及其制剂是治疗上呼吸道感染尤其是病毒性感染的常用药物，单方即可奏效。板蓝根片、板蓝根冲剂及板蓝根注射液广泛用于治疗或预防流感、急慢性咽炎、扁桃体炎、毛细支气管炎、流行性腮腺炎等。如将橄榄果捣碎，用冷开水浸泡过滤，加入板蓝根注射液及防腐剂，可保存6个月。早中晚各喷1次。一周为1个疗程，连续喷2个疗程，预防上呼吸道感染。160例中有9例发病，其中普通感冒6例，咽炎3例。对照组140例中发病87例，其中普通感冒57例，咽炎21例，扁桃体炎9例。板蓝根针剂肌注，每次4ml，2次/日；片剂3片/次，3次/日，口服；治疗病毒性上呼吸道感染。

2. 消化系统疾病

板蓝根作为肝炎的传统用药，预防及治疗病毒性肝炎效果确切，能较快消除症状，促进肝功能恢复。临床以复方治疗为多且疗效佳。随加减可用于治疗急性黄疸型肝炎、甲型肝炎、慢性乙型肝炎等各种肝炎。李志华等运用板蓝根注射液穴位注射治疗乙型肝炎病毒表面抗原携带者，取得较好疗效。另外，口服板蓝根冲剂可用于治疗复发性口疮、婴幼儿秋冬季腹泻及小儿肠炎。治疗病毒性肝炎：用板蓝根30g，栀子根45g，干品，水煎服，每日一剂，治疗急性黄疸型肝炎53例均痊愈。

3. 皮肤科疾病

板蓝根对多种病毒性皮肤病有较好疗效，如带状疱疹、玫瑰糠疹、扁平疣、尖锐湿疣、过敏性紫癜、结节性红斑、药疹等。沈建光等单以大剂量（120g）板蓝根水煎，分3次服用，治疗水痘34例，取得满意疗效。朱永辉采用无菌棉签蘸取板蓝根液（板蓝根注射液或中药板蓝根煎成的水溶液）局部外涂治疗带状疱疹患者51例，疗效显著，且无任何不良反应。

4. 五官科疾病

关于板蓝根治疗单纯疱疹性角膜炎，临床多有报道，有中药复方煎剂，也有注射剂及滴眼液等，尤以注射剂作球结膜下注射治疗效果明显。关于板蓝根治疗单纯疱疹性角膜炎，廖振鸣采用板蓝根注射液0.5ml于患眼球结膜下注射，隔日1次，治疗216眼，有效率76%，其中早中期患者治疗效果明显优于晚期和复发期。彭文英收治疱疹性口腔炎患儿31例，以板蓝根注射液2ml肌内注射辅以马鞭草（最好为鲜品）水煎液内服及含漱。全部病例均在6天内治愈，未发生并发症，口腔溃疡愈合比自然病程缩短，临床疗效显著。吴曙光用板蓝根注射液治疗单疱病毒性角膜炎4例，5只眼，疗效满意，无副作用。治愈或基本治愈：眼部刺激症状及角膜水肿消失，溃疡愈合，荧光素反应阴性或残留少数上皮小丘着色点，基质及内皮浸润水肿消失，裂隙灯角膜切面厚度正常或基本正

常（KP）消失或整个消失，前房积脓消失。好转：溃疡愈合或部分愈合，病灶明显缩小，浸润水肿及KP明显减少。江蓉用干扰素联合板蓝根治疗病毒性角膜炎，结果治疗者一般在用药后37天，角膜刺激症状、充血、眼痛显著减轻，视力由治疗前0.2～0.3和0.5～0.6均恢复至0.8～1.0，治愈26眼，治愈率86.7%，有效4眼，有效率13.3%，无效或加重者为零，平均治愈天数10.6天。用板蓝根治疗的20眼，治愈12眼，治愈率60%，有效4眼，有效率20%，无效4眼，无效率20%，平均治愈天数16.8天。经统计学分析，用于干扰素联合板蓝根治疗病毒性角膜炎，疗效优于单用板蓝根治疗者（$P<0.05$，有显著性差异），且疗程明显缩短。板蓝根注射液为中成药，其中所含嘌呤、嘧啶及吲哚类成分，有干扰病毒DNA合成的作用，除少数发生过敏反应外，至今尚未发现任何毒副反应。与干扰素合用，其安全性和抗病毒作用大为提高，从而增强了治疗病毒性角膜炎的疗效。

5. 口腔科疾病

疱疹性口炎（HS）是一种由单纯疱疹病毒1型（HSV-1）感染引起的口腔黏膜病。HSV-1侵犯机体时，炎细胞增多。当吞噬细胞增多时，产生内源性致热源，释放于血液，作用于体温调节中枢而发热，进而病毒引起口腔疱疹如溃疡。当用抗病毒药时，SHV-1复制减慢，体温降低，口腔疱疹和溃疡消失。彭文英收治疱疹性口腔炎患者31例，以板蓝根注射液2ml肌内注射，1日2次，辅以马鞭草（最好为鲜品）水煎液内服及含漱。全部病例均在6天内治愈，未发生并发症，口腔溃疡愈合比自然病程缩短，临床疗效显著。治疗疱疹性口腔炎的临床疗效观实验显示：板蓝根注射液和板蓝根冲剂均能明显降低体温，板蓝根的两个治疗组均有明显降低淋巴细胞比率和白细胞总数的作用，且其降低作用稍强于吗啉双胍组。以上说明板蓝根具有抗病毒药物作用的特点，且其作用略强于吗啉双胍组。

6. 治疗黄褐斑

吴锐通过耳穴注射板蓝根注射液成功治疗黄褐斑。60病例基本治愈18例，显效26例，好转10例，无效6例，有效率达到90%。

7. 治疗痛风

周太廷应用板蓝根注射液治疗痛风40例，其临床疗效满意。治疗方法为：40例患者肌内注射板蓝根注射液4ml（2支），1日1次，30次1个疗程。用1个疗程者14例，2个疗程者20例，3个疗程者5例，4个疗程者1例。治疗结果：基本治愈，症状消失，血及尿液中尿酸含量正常，肾功能正常，连续随访2年以上无复发；好转，症状缓解，血液及尿液中尿酸含量接近正常，肾功能好转。

8. 治疗面瘫

耿德军在治疗面瘫过程中，但见乳突痛，颌下淋巴结肿痛、咽痛以及舌质红，苔黄，脉形见数等头面上部火热症状，甚至久患面瘫，证情反复，兼有上

述见证者，加用板蓝根一味，并加重其剂量，常可获得好的效果。

9. 治疗白喉

板蓝根煎剂（$10g \cdot L^{-1}$）治疗12例白喉患者，疗效颇佳，对发热、声嘶、气滞等症状平均在用药后3～4天消失，且可使伪膜脱落，细菌培养转阴。用量：3岁以下每次20ml，1日1次，直至伪膜脱落及症状消失后3个月停药。

10. 治疗水痘

板蓝根注射液2ml肌内注射，每天1次，用于18例小儿水痘患者，24小时内有7例体温得到控制，3～9天痘疹全部结痂。

11. 泌尿系统疾病

李堪寿使用单味鲜板蓝根治疗泌尿系结石36例。结果表明：板蓝根治疗结石不但无毒副作用，而且其药源广，疗效显著。

12. 病毒性心肌炎

马维勇等将197例病毒性心肌炎患者随机双盲分为复方板蓝根治疗组133例与对照组64例，进行自身前后对照开放性试验。患者服用复方板蓝根颗粒（成分：板蓝根、大青叶、连翘、拳参），取得了很好的疗效，说明复方板蓝根颗粒治疗病毒性心肌炎患者是有效的。

（二）板蓝根在兽医中的应用

板蓝根在兽医临床上的应用范围较广，可以用于预防和治疗畜禽风热感

冒、咳嗽、口舌生疮、疮黄肿毒、温热发斑、大头瘟疫、丹毒高烧及痈肿。与抗菌药联合应用可以增强其抗菌的作用，提高疗效。

1. 治疗家畜丹毒杆菌、巴氏杆菌感染

各种家畜一次肌注板蓝根针剂0.1ml·kg^{-1}体重，每天3次连续使用3天。疗效可达98%。也可以使用板蓝根、双花、地丁各30g，黄琴、柴胡、白芷、甘草各10g，水煎1000ml，按每10kg体重每次口服100ml，每天两次，连续使用3天。

2. 治疗仔猪黄白痢、猪痢疾、猪伤寒

肌内注射板蓝根针剂每千克体重0.1ml，联合使用青霉素、链霉素、喹诺酮类等抗菌药，能增强家畜的抵抗力，减少耐药菌群的出现，治疗效果更佳。

3. 治疗家畜感冒发烧

各种家畜每千克体重一次肌注0.15～0.2ml（0.5g·ml^{-1}），联合使用青霉素钠［（1.0～1.5）万IU·kg^{-1}］，1天2~3次，连用3天，可以取得非常理想的效果。

4. 治疗畜禽败血霉形体感染

家畜每千克体重肌注0.1～0.2ml板蓝根注射液，联合使用恩诺沙星（2.5mg·kg^{-1}）或泰乐菌素（5mg·kg^{-1}），疗效比单用抗菌药提高20%。或给家禽用25mg·kg^{-1}恩诺沙星加上200mg·kg^{-1}板蓝根冲剂，连续饮水3天，疗效比单用抗菌药提高25%。

5. 治疗鸡痘

用板蓝根汤（板蓝根10g、二花5g、连翘6g、栀子5g、赤芍3g、车前子4g。上药为10～30只鸡用量，1剂煎2次，合并药液）拌食，让鸡自由采食，3日后可获痊愈。

（三）板蓝根在染料方面的应用

目前市场上生产用的染料大都为化学染料，对人体有过敏性，从而产生伤害，且污染环境。而板蓝根叶中提取的蓝靛，是一种天然的绿色染料，不会产生对人体有害的物质；同时，板蓝根叶本身就是中药，所以用其制成的织品具有这些植物的性能，它们在与人体皮肤接触过程中，内含物质会慢慢被人体所吸收，从而达到对人体的保健作用，故蓝靛的大量开发与应用将会是一大热点。

（四）板蓝根在食品方面的应用

板蓝根有清凉去火、驱除病毒、提高免疫力、预防感冒等功效，在食品方面被大力开发，目前市场上已开发出了一种板蓝根植物饮料，是以板蓝根草本植物为主要原料，配合多种营养和多种功效的中草药熬制而成的低浓度的保健饮料。

参考文献

[1] 唐璇. 板蓝根药用史考 [J]. 环球中医药, 2014, 7 (11): 869–871.

[2] 孙翠萍. 南北板蓝根的本草考证与现代研究 [J]. 亚太传统医学, 2012, 8 (8): 183–184.

[3] 刘盛, 谢华. 板蓝根药材道地性初步研究总结 [J]. 中药材, 2011, 24 (5): 319–321.

[4] 王斌, 张腾霄. 国内板蓝根药材质量评价方法的研究现状 [J]. 贵阳中医学院学报, 2013, 35 (2): 31–33.

[5] 国家药典委员会. 中华人民共和国药典 (一部) [M]. 北京: 中国医药科技出版社, 2015.

[6] 熊清平, 张丹雁. 南板蓝根野生品与栽培品的形态及组织结构鉴别 [J]. 中药新药与临床药理, 2012, 23 (2): 200–203.

[7] 李霞. 板蓝根化学成分及质量控制研究 [D]. 太原: 山西医科大学, 2010.

[8] 左丽, 李建北. 板蓝根的化学成分研究 [J]. 中国中药杂志, 2007, 32 (8): 688–691.

[9] 武佳, 解云霞. 板蓝根化学成分及质量控制研究 [J]. 时珍国医国药, 2006, 17 (10): 2067–2068.

[10] 陈勇, 潘以琳. 板蓝根中1个新的生物碱苷 [J]. 中药材, 2017, 40 (1): 81–83.

[11] 马俊梅. 板蓝根的现代药理及临床新用分析 [J]. 中国卫生标准管理, 2014, 5 (6): 65–66.

[12] 王九洲. 板蓝根的化学成分、药理作用及在兽医临床上的应用 [J]. 养殖技术顾问, 2014, (9): 232.

[13] 窦传斌. 板蓝根的药理研究及临床应用 [J]. 中国现代药物应用, 2007, 1 (3): 32.

[14] 许雪燕, 周鹏. 板蓝根的药理作用及临床应用 [J]. 2014, 26 (8): 33–35.

[15] 林丽娟. 板蓝根的现代药理与临床应用研究 [J]. 中国医药指南, 2010, 8 (18): 63–64.

[16] 戚朝秀, 吴笑梅, 王晓黎. 板蓝根滴眼液治疗急性细菌性结膜炎临床疗效研究 [J]. 中药材, 2007, 30 (1): 120–122.